TECHNIK, WIRTSCHAFT und POLITIK 15

Schriftenreihe des Fraunhofer-Instituts
für Systemtechnik und Innovationsforschung (ISI)

Stefan Kuhlmann · Doris Holland

Erfolgsfaktoren der wirtschaftsnahen Forschung

Unter Mitarbeit von
Georg Triantafyllou

Mit 18 Abbildungen und 34 Tabellen

Physica-Verlag
Ein Unternehmen des Springer-Verlags

Dr. Stefan Kuhlmann
Abteilungsleiter
„Technikbewertung und Innovationsstrategien"
Fraunhofer-Institut für Systemtechnik
und Innovationsforschung (ISI)
Breslauer Str. 48
D-76139 Karlsruhe

ISBN 978-3-7908-0845-2   ISBN 978-3-642-52412-7 (eBook)
DOI 10.1007/978-3-642-52412-7

Die Deutsche Bibliothek – CIP-Einheitsaufnahme
Kuhlmann, Stefan:
Erfolgsfaktoren der wirtschaftsnahen Forschung;
mit 34 Tabellen /
Stefan Kuhlmann; Doris Holland. –
Heidelberg: Physica-Verl., 1995
(Technik, Wirtschaft und Politik; 15)
ISBN 978-3-7908-0845-2
NE: Holland, Doris:; GT

Vorwort

Das Institut für Systemtechnik und Innovationsforschung (ISI) ist seit über zehn Jahren auf dem Gebiet der Evaluation von technologiepolitischen Förderprogrammen tätig. Heute, in einer Zeit des "knappen öffentlichen Geldes", wird es immer wichtiger, Fördermittel noch effektiver einzusetzen, und das Interesse der Politik steigt, auch die *institutionelle Förderung* einer systematischen *Erfolgskontrolle* zu unterziehen. Gleichzeitig ist festzustellen, daß in der Bundesrepublik noch wenig Erfahrungen in dieser Hinsicht vorliegen, theoretisch-methodische Arbeiten rar und praktikable Evaluationsinstrumente erst wenig ausgearbeitet sind.

Vor diesem Hintergrund entstand die dem Band zugrundeliegende Studie. Das Wirtschaftsministerium Baden-Württemberg beauftragte das ISI, ein Instrumentarium zur Bewertung der Leistungsfähigkeit von Einrichtungen der wirtschaftsnahen Forschung zu entwickeln.

Ausgehend von einer Analyse der Anforderungen an wirtschaftsnahe Forschung und Entwicklung sowie vorliegender in- und ausländischer Erfahrungen bei der Bewertung entsprechender Einrichtungen schlagen die Autoren ein Evaluationskonzept vor, das aus Erfolgsfaktoren und Leistungskriterien für Institutionen der wirtschaftsnahen Forschung besteht. Das Konzept soll nicht nur als Diskussionsbeitrag zur Steigerung und zur Bewertung der Effizienz industrienaher Forschung in Baden-Württemberg verstanden werden, sondern erhebt den Anspruch, einen generellen methodischen Beitrag in der Debatte über die Evaluation institutioneller Förderung zu leisten. Insofern sprechen die Autoren verschiedene Zielgruppen an: Vertreter der Technologiepolitik, Leiter von Instituten der wirtschaftsnahen Forschung, Evaluationsforscher und praktizierende Evaluatoren.

Karlsruhe, Oktober 1994

Frieder Meyer-Krahmer
Leiter des Fraunhofer-Instituts für
Systemtechnik und Innovationsforschung

Danksagung

Die in diesem Buch vorgeschlagenen Erfolgsfaktoren und Leistungskriterien der wirtschaftsnahen Forschung wurden in enger Abstimmung mit einem Institut der industriellen Gemeinschaftsforschung und einem Vertragsforschungsinstitut an der Universität entwickelt. Um die Praktikabilität insbesondere der Leistungskriterien als *Leitfaden* für eine *einzelfallgerechte Analyse von Einrichtungen* der *wirtschaftsnahen Forschung* zu prüfen, wurden Fallstudien in beiden Instituten durchgeführt. Wir danken den Institutsleitern und interviewten Gruppenleitern für die konstruktiven, interessanten und aufgeschlossenen Gespräche, ohne die eine solche Arbeit nicht hätte entstehen können.

Unser Dank gilt ebenfalls den Initiatoren der Studie im Wirtschaftsministerium Baden-Württemberg, mit denen wir während der gesamten Studie in einem anregenden Dialog standen. Bedanken möchten wir uns auch bei allen Teilnehmern am Workshop "Erfolgskontrolle der wirtschaftsnahen Forschung in Baden-Württemberg - Erfolgsfaktoren und Leistungskriterien", deren lebendige Diskussion unser konzeptionelles Vorgehen prinzipiell bestätigte und das problemorientierte Nachdenken über die Evaluation wirtschaftsnaher Forschungseinrichtungen weiter beförderte.

Wir hoffen, daß künftige Konkretisierungen des Leitfadens für andere Institutstypen sowie eine weitere Operationalisierung des Instrumentariums zur institutionellen Evaluation auch in einem engen Kontakt zwischen Vertretern der Technologiepolitik, wirtschaftsnahen Forschungseinrichtungen und der Evaluatorensexperten erfolgen.

Für die sorgfältige Erstellung des Buchmanuskripts bedanken wir uns insbesondere bei Helga Schädel, Chris Mahler-Johnstone, Mette Praest und Brigitte Weiss.

Für den Inhalt des Buches tragen allein die Autoren die Verantwortung.

Karlsruhe, Oktober 1994

Stefan Kuhlmann
Doris Holland

1. Ausgangslage, Ziele, Vorgehensweise und Aufbau der Studie

1.1 Ausgangslage und Ziele der Studie

Einrichtungen der wirtschaftsnahen Forschung werden vom Land Baden-Württemberg institutionell und projektbezogen unterstützt, um

- die angewandte Forschung als wichtigen Teil der deutschen Forschungslandschaft zu stärken,

- die Umsetzung von Erkenntnissen der Grundlagenforschung in die industrielle Anwendung zu erleichtern und - umgekehrt - Wissen über die praktischen Anwendungserfordernisse neuer Technologien in industriellen Unternehmen in das Forschungssystem rückzuvermitteln,

- unternehmensexterne Forschungskapazitäten mit speziellem Know-how temporär (durch Kooperation oder Auftragsvergabe) zugänglich zu machen, deren ständige Unterhaltung innerhalb eines Unternehmens zu aufwendig wäre,

- den Transfer von qualifiziertem Personal aus Forschungseinrichtungen in die industrielle Praxis zu erleichtern,

- die technologische Leistungsfähigkeit und internationale Wettbewerbsfähigkeit der Industrie zu steigern.

Baden-Württemberg verfügt über ein relativ dichtes Netz von Einrichtungen der wirtschaftsnahen Forschung; dazu gehören Institute der industriellen Gemeinschaftsforschung, die Einrichtungen der Fraunhofer-Gesellschaft zur Förderung der Angewandten Forschung, die Entwicklungskapazitäten der Steinbeis-Stiftung an den Fachhochschulen, die Vertragsforschungseinrichtungen an den Universitäten und - in zunehmendem Maße - die Großforschungseinrichtungen.

Diese Struktur von wirtschaftsorientierten Forschungs- und Entwicklungskapazitäten gilt als außerordentlich leistungsfähig und hat überregional, auch im Ausland, viel Beachtung gefunden. Gleichwohl muß dieses System ständig weiterentwickelt und an veränderte Bedürfnisse der Wirtschaft angepaßt werden. In den 90er Jahren erzeugen vor allem drei Entwicklungen Anpassungsdruck:

- Die industrienahe *Technikentwicklung* ist in wachsendem Maße geprägt von dem Erfordernis der Verknüpfung unterschiedlicher Technologielinien in einem Produkt oder einem Verfahren; gleichzeitig erhalten Erkenntnisse der anwendungsorientierten

Grundlagenforschung immer häufiger auch industrielle Relevanz. Einrichtungen der wirtschaftsnahen Forschung müssen diese Trends aktiv aufgreifen und kreativ zum Nutzen der Wirtschaft gestalten.

- In jüngster Zeit gerieten ganze Industriebranchen in eine *strukturelle Anpassungskrise* (z.B. der Maschinenbau oder der Straßenfahrzeugbau mit seinem Zulieferungsumfeld). Eine der erforderlichen Antworten auf die Krise ist das offensive Vorantreiben technologischer Innovationen. Einrichtungen der wirtschaftsnahen Forschung tragen zu diesem Prozeß maßgeblich bei.

- Die *staatlichen Mittel* zur Förderung von Forschung, Technologie und Innovation sind *knapp* und können in absehbarer Zeit kaum gesteigert werden. Dies erfordert eine bewußte und genaue Fokussierung ihres Einsatzes und die Sicherstellung ihrer effektiven Nutzung.

In diesem Zusammenhang hat das Wirtschaftsministerium Baden-Württemberg das Fraunhofer-Institut für Systemtechnik und Innovationsforschung (ISI) beauftragt, ein *Instrumentarium zur Bewertung der Leistungsfähigkeit von Einrichtungen der wirtschaftsnahen Forschung* zu entwickeln. Eine systematische Erfolgskontrolle der wirtschaftsnahen Forschung im Sinne eines expliziten und methodengeleiteten Verfahrens hat bisher nicht stattgefunden. Vorarbeiten wurden durch einen vom Ministerium für Wirtschaft, Mittelstand und Technologie des Landes Baden-Württemberg eingesetzten Arbeitskreis geleistet, der im Jahre 1988 "Erfolgskriterien einer Technologiepolitik" vorlegte, die in Umrissen auch Maßstäbe zur Bewertung wirtschaftsnaher Forschungsinstitute enthalten.

Die vorliegende Studie bezieht diese Ansätze ein. Das ISI schlägt ein Evaluationskonzept vor, das aus Erfolgsfaktoren und Leistungskriterien für Einrichtungen der wirtschaftsnahen Forschung besteht; Erfolgsfaktoren beschreiben dabei die wichtigsten Voraussetzungen für erfolgreiches Wirken solcher Einrichtungen, Leistungskriterien erfassen die Qualität wichtiger Ergebnisse der Einrichtungen im Sinne ihres Auftrages, die Innovationsfähigkeit der Wirtschaft zu stärken. Das Konzept ist so angelegt, daß es als *Leitfaden* für die Bewertung verschiedenartiger Institute der wirtschaftsnahen Forschung verwendet werden kann, aber in jedem Anwendungsfall *individuell* spezifiziert und operationalisiert werden muß; dabei wird davon ausgegangen, daß eine solche Anwendung durch einen unabhängigen Evaluationsexperten in enger Kooperation mit dem betroffenen Institut und dem Wirtschaftsministerium erfolgt.

Die vorgeschlagenen Erfolgsfaktoren und Leistungskriterien beziehen sich auf die Aufgabenstellung von wirtschaftsnahen Forschungseinrichtungen generell und wollen nicht nur als ein Diskussionsbeitrag zur Steigerung der Effektivität von entsprechenden Einrichtungen in Baden-Württemberg verstanden werden. Es liegt in der Natur der Sache, daß sich die vorgeschlagenen Evaluationsfaktoren und -kriterien auch mit Verfahren zur

Erfolgskontrolle technologiepolitischer Programme (vgl. Kuhlmann/Holland 1995) und mit Evaluationskonzepten für nicht-wirtschaftsbezogene Forschungseinrichtungen überschneiden.

1.2   Vorgehensweise und Aufbau der Studie

Die Studie ist in folgender Weise gegliedert: Das sich an dieses Kapitel anschließende *Kapitel 2* beschreibt die Struktur der wirtschaftsnahen Forschung in Baden-Württemberg und diskutiert Aufgaben und Anforderungen an die entsprechenden Einrichtungen aus der Perspektive der Wirtschaft, aus der Perspektive von Wissenschaft und Technologie und aus der Perspektive der Technologiepolitik. *Kapitel 3* trägt in- und ausländische Konzepte zur Bewertung der Leistungsfähigkeit und Erfahrungen bei der Evaluation von Einrichtungen der wirtschaftsnahen Forschung zusammen. *Kapitel 4* beschreibt detailliert neun Erfolgsfaktoren und fünf Leistungskriterien zur Bewertung von Einrichtungen der wirtschaftsnahen Forschung. Diese Erfolgsfaktoren und Leistungskriterien wurden in enger Abstimmung mit zwei unterschiedlichen Einrichtungen der wirtschaftsnahen Forschung entwickelt (einem Institut der industriellen Gemeinschaftsforschung und einem Vertragsforschungsinstitut an einer Universität). Um die Praktikabilität insbesondere der Leistungskriterien als Leitfaden für einzelfallgerechte Analysen von Einrichtungen der wirtschaftsnahen Forschung zu prüfen, wurden Fallstudien in den beiden Instituten durchgeführt. Mit diesem Vorgehen sollte sichergestellt werden, daß sowohl Faktoren als auch Kriterien möglichst realitäts- und praxisnah, und - mit Blick auf die Unterschiedlichkeit der Aufgabenstellungen der beiden mitwirkenden Institute - hinreichend elastisch zur künftigen Verwendung bei verschiedenartigen Einrichtungen der wirtschaftsnahen Forschung sind.

Nicht vorgesehen war in diesem Zusammenhang eine eigentliche Evaluation der betreffenden Institute; diese hätte weder dem Zeitrahmen und der Gesamtzielstellung der Studie entsprochen, noch wäre eine solche Erfolgskontrolle methodisch (verfahrenstechnisch) mit den vorgegebenen Mitteln möglich gewesen. Es fand ein Workshop statt, bei dem die Ergebnisse der Studie mit Vertretern verschiedener Institute der wirtschaftsnahen Forschung, Evaluationsexperten und Repräsentanten der technologiepolitischen Administration erörtert wurden. Die Fallstudien und der Workshopbericht befinden sich im *Anhang*.

2. Wirtschaftsnahe Forschung und Entwicklung in Baden-Württemberg

2.1 Wirtschaftssituation und Innovationsorientierung in Baden-Württemberg

In den 80er Jahren verzeichnete Deutschland in den alten Bundesländern noch ein kontinuierliches Wirtschaftswachstum. Die deutsche Vereinigung brachte zusätzlich einen Konjukturaufschwung um das Jahr 1990. 1992 setzte dann eine erkennbare Abschwächung des Wirtschaftswachstums ein (vgl. *Abbildung 2.1.1*). Ausschlaggebend für den Abschwung in Baden Württemberg war das Verarbeitende Gewerbe, das mit den

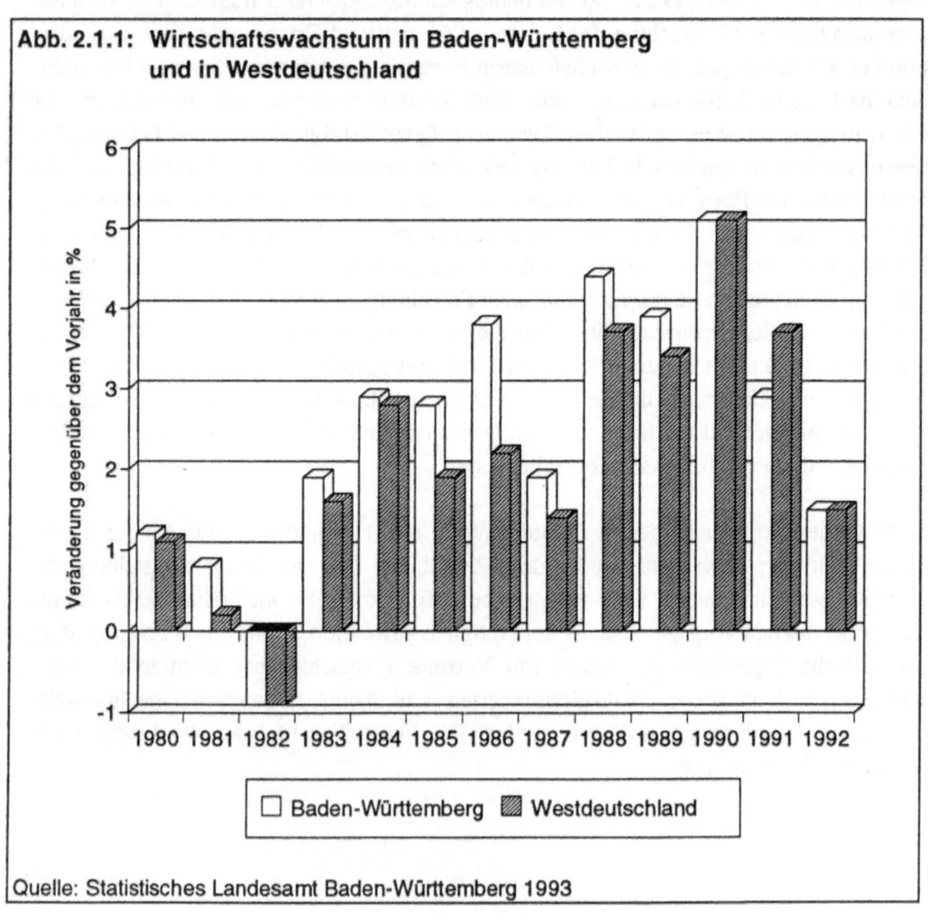

Schlüsselbranchen Maschinenbau, Straßenfahrzeugbau und Elektrotechnik in der zweiten Jahreshälfte erhebliche Einbrüche hinnehmen mußte. Bei den Dienstleistungsunternehmen und im Baugewerbe wurden im gleichen Zeitraum Zuwächse registriert.

Trotz dieser Entwicklung zeichnet sich die baden-württembergische Wirtschaft durch eine hohe Innovationsorientierung aus: Definiert man als Spitzentechnik Güter, für deren Hervorbringung ein Forschungs- und Entwicklungsaufwand von über 8,5% des Umsatzes erforderlich ist und als hochwertige Technik oder gehobene Gebrauchstechnik Güter, in die ein Forschungs- und Entwicklungsaufwand zwischen 3,5 und 8,5% des Umsatzes einfloß (vgl. Legler/Grupp et al. 1992), dann rangiert Baden-Württemberg deutlich über dem Bundesdurchschnitt (vgl. *Abbildung 2.1.2*).

Auch bei Betrachtung des FuE-Personals im Wirtschaftssektor, der Patentanmeldungen, die als eine Art "FuE-Output" angesehen werden können, sowie der Industriebeschäftigten im Bundesländervergleich wird ersichtlich, daß die Wirtschaft in Baden-Württemberg bei den Innovationsaktivitäten stärker vertreten ist als beim relativen Anteil der Beschäftigten (vgl. *Tabelle 2.1.1*).

Tab. 2.1.1: Anteile der Bundesländer an Patentanmeldungen, am FuE-Personal der Wirtschaft sowie an den Industriebeschäftigten (in Prozent)			
Bundesland	Patentanmeldungen 1988	FuE-Personal 1989	Industriebeschäftigte 1989
Schleswig-Holstein	1,2	1,7	2,3
Hamburg	2,6	2,1	1,9
Niedersachsen	6,2	6,2	9,1
Bremen	0,4	1,2	1,1
Nordrhein-Westfalen	26,9	19,0	27,4
Hessen	13,8	11,7	8,9
Rheinland-Pfalz	5,2	5,6	5,2
Baden-Württemberg	22,4	23,8	20,5
Bayern	19,4	25,4	19,4
Saarland	0,4	0,3	1,9
Berlin	1,5	3,0	2,3
Total	100	100	100
Quelle: Legler 1993			

Die Innovationsorientierung der Wirtschaft Baden-Württembergs gilt als gut ausgeprägt. Doch gibt der gegenwärtige - je nach Branche - zum Teil drastische Rückgang des Absatzes und der Beschäftigenzahlen Anlaß zur Besorgnis. Nur Unternehmen, die ihre innerbetriebliche Organisationsstrukturen konsequent auf die rasche Einführung technologieintensiver Güter und Verfahrenstechniken ausrichten, werden sich in dem immer härteren Wettbewerb behaupten können.

Abb. 2.1.2: **Anteile der Bundesländer an der Beschäftigung in FuE-intensiven Industrien** (nach der Arbeitsstättenzählung 1987 in Prozent)

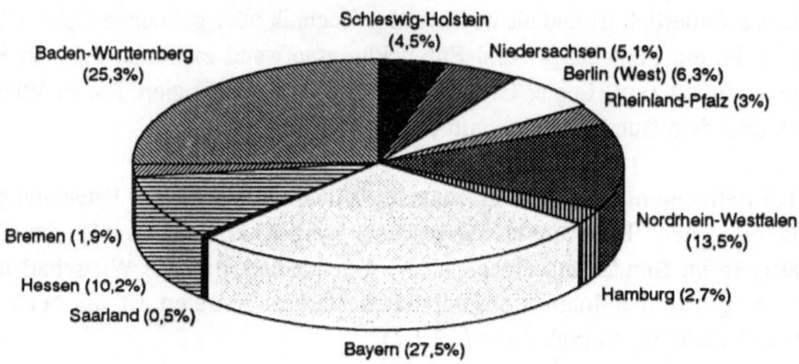

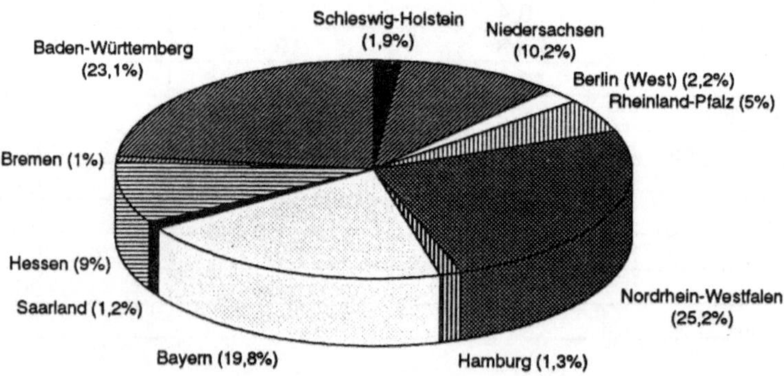

Quelle: Legler 1993

Heutige Markt- und Technologiestrukturen sind aber häufig nur noch mit Hilfe externer Fachberatung durchschaubar. Mittelständische Unternehmen verfügen zumeist nur über geringe eigene Forschungs- und Entwicklungskapazitäten. Wissens- und Technologietransfer von der Forschung zur Wirtschaft gewinnt entsprechend an Bedeutung. In der Technologie- und Innovationspolitik sind nach Ansicht der baden-württembergischen Landesregierung künftig kooperative Ansätze von allergrößter Bedeutung; gemeinsame Projekte mit wirtschaftsnahen Forschungseinrichtungen gelten als besonders förderungswürdig.

2.2 Wirtschaftsnahe Forschung in Baden-Württemberg

Als *wirtschaftsnahe Forschung und Entwicklung (FuE)* wird im folgenden solche FuE bezeichnet, die für oder im Auftrag von Wirtschaftsunternehmen von externen FuE-Einrichtungen durchgeführt wird. Ihre Funktion liegt im Vergleich zu unternehmensinterner FuE im Schwerpunkt darin, daß sie Beiträge in Innovationsvorhaben leistet, für die keine unternehmenseigenen FuE-Kapazitäten vorgehalten werden können (Einstieg in neue Technologie-Felder, Spitzenlast-FuE, FuE für den Mittelstand).

Die Anfänge staatlicher Förderung wirtschaftsnaher Forschung im Gebiet des Bundeslandes Baden-Württemberg reichen bis weit ins neunzehnte Jahrhundert zurück. Die wirtschaftsnahe Infrastruktur des Landes gilt heute im nationalen und internationalen Vergleich als sehr gut ausgebaut (vgl. z.B. Hassink 1992; Cooke/Morgan 1990; Bernschneider et al. 1991). Sie soll eine "intelligente Brücke" bilden zwischen

- der Grundlagenforschung, wie sie beispielsweise an Universitäten und Instituten der Max-Planck-Gesellschaft betrieben wird, und

- der technischen Entwicklung neuer Produkte und Produktionsverfahren in den gewerblichen Unternehmen.

Zwischen diesen Polen füllen die Einrichtungen der wirtschaftsnahen Forschung einen originären Aufgabenbereich: Auf der Grundlage eigener Forschungsleistungen sollen sie kreative, langfristig orientierte Technologieentwicklung betreiben und diese der Wirtschaft nahebringen.

Das Land zählt die folgenden wirtschaftsnahen Forschungseinrichtungen auf (vgl. Wirtschaftsministerium Baden-Württemberg 1992; vgl. auch *Abbildung 2.2.1*):

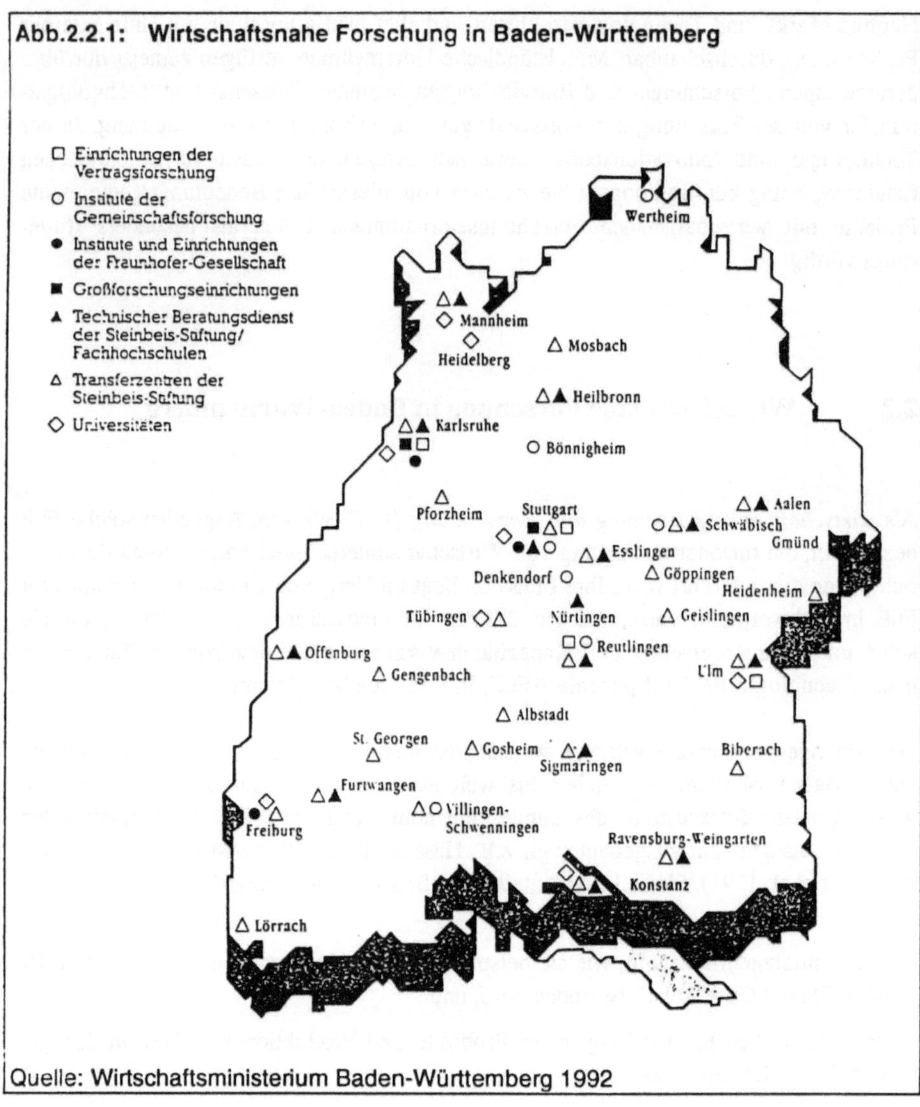

- 14 Institute der Fraunhofer-Gesellschaft,

- 10 Institute der industriellen Gemeinschaftsforschung,

- 2 Großforschungseinrichtungen,

- 8 Vertragsforschungseinrichtungen an Universitäten,

- über 140 Transfereinrichtungen der Steinbeis-Stiftung für Wirtschaftsförderung, (vorwiegend) an den Fachhochschulen des Landes.

Diese Einrichtungen finanzieren sich aus Forschungseinnahmen (Vertragsforschung, Forschungsförderung) und institutionellen Fördermitteln des Bundes und des Landes (in unterschiedlichen Anteilen je nach Institution). Die institutionelle Förderung des Landes Baden-Württemberg für diese Einrichtungen belief sich 1993 auf ca. 133 Mio. DM (einschließlich Sonderfinanzierungen).

Der Tätigkeitsschwerpunkt von Einrichtungen der wirtschaftsnahen Forschung kann sich - theoretisch betrachtet - zwischen zwei Polen bewegen: dem sektoralen Pol, die Forschungseinrichtung konzentriert ihre Aktivitäten auf die technologischen Bedürfnisse eines bestimmten industriellen Sektors (z.B. Textilindustrie) und dem technologischen Pol, die Forschungseinrichtung konzentriert ihre Aktivitäten auf die Entwicklungs- und Anwendungspotentiale einer bestimmten Technologie (z.B. Informationstechnik).

Zwischen diesen Polen lassen sich vier *strategische Gruppen* bilden, denen die meisten Einrichtungen der wirtschaftsnahen Forschung zugeordnet werden können (vgl. Kandel 1993):

(1)   Monosektorale und multitechnologische Institute,
(2)   multisektorale und multitechnologische Institute,
(3)   multisektorale und monotechnologische Institute,
(4)   monosektorale und monotechnologische Institute.

Institute der Gruppe (4) gibt es heute nur noch selten; die übrigen Gruppen sind in Baden-Württemberg vertreten.

Die Institute der *Fraunhofer-Gesellschaft* (1500 Mitarbeiter in Baden-Württemberg) sind unter anderem auf den folgenden Arbeitsfeldern tätig: Informationstechnik, Produktionsautomatisierung, Bioverfahrenstechnik, Energietechnik, Bautechnik, Sensortechnik, Werkstoffe usw.. Der Haushalt der baden-württembergischen Institute betrug 1993 304 Mio. DM, wovon etwa ein Drittel im Rahmen von Industriekooperationen finanziert wurde. Diese Institute gehören der Gruppe (2), multisektoral/multitechnologisch, oder der Gruppe (3), sektoral/monotechnologisch, an.

Die Einrichtungen der *industriellen Gemeinschaftsforschung* mit rund 500 Mitarbeitern bearbeiten branchenorientiert unter anderem die folgenden Felder: Textil- und Verfahrenstechnik, Textilchemie, Chemiefasern, Bekleidungsphysiologie, Gerberei, Pigmente/Lacke, Technisches Glas, Feingeräte/Uhrentechnik, Mikrotechnik, Edelmetalle/Metallchemie, Kunststoffe usw.. Das Haushaltsvolumen der Einrichtungen belief sich 1993 auf 65 Mio. DM, davon 16 Mio. DM im Rahmen von Industriekooperationen. Diese Institute gehören überwiegend der Gruppe (1), monosektoral/multitechnologisch, an. Einige der Institute sind aber zunehmend auch multisektoral tätig.

Die zwei *Großforschungseinrichtungen* (Forschungszentrum Stuttgart der deutschen Forschungsanstalt für Luft- und Raumfahrt, DLR, in den Bereichen Werkstoffe, Bautechnik, Energetik, und Kernforschungszentrum Karlsruhe, KfK, in den Bereichen Umwelttechnik, Mikrosystemtechnik, Energieforschung, Kerntechnik und Klimaforschung) realisierten 1993 mit über 4400 Mitarbeitern etwa 30 Mio. DM Einnahmen durch Industriekooperationen (bei einem Gesamthaushalt von 780 Mio. DM). Im Zusammenhang mit schrumpfender institutioneller Förderung des Bundes werden diese Einrichtungen in den kommenden Jahren bestrebt sein, ihren Anteil am Vertragsforschungsmarkt auszubauen; sie gehören der Gruppe (2), multisektoral/multitechnologisch, oder der Gruppe (3), multisektoral/monotechnologisch, an.

Die *Vertragsforschungsinstitute an den Universitäten* ("An-Institute"), mit ca. 650 Mitarbeitern sind auf folgenden Gebieten tätig: Mikroelektronik, Informatik, naturwissenschaftlich-medizinische Forschung, Lasertechnologie in der Medizin, anwendungsorientierte Wissensverarbeitung, Sonnenenergie und Wasserstofforschung, Fertigungstechnik und Produktionstechnik. 1993 umfaßte der Haushalt dieser seit etwa zehn Jahren bestehenden Institute 78 Mio. DM, davon 17 Mio. DM aus Einnahmen mit der Wirtschaft. Sie gehören ebenfalls der Gruppe (2), multisektoral/multitechnologisch, oder der Gruppe (3), multisektoral/monotechnologisch, an.

Etwa 2500 Professoren und freie Mitarbeiter arbeiten in den über 140 Transfereinrichtungen der *Steinbeis-Stiftung für Wirtschaftsförderung*, vorwiegend an den Fachhochschulen des Landes. Sie bieten technische Beratung und Unterstützung bei Entwicklungsprojekten auf den Gebieten flexible Automation und Fertigungstechnik, Prozeßtechnik, Elektronik/Mikroelektronik, Software-Engineering, CAD/CAM usw. an. 1993 erzielte die Steinbeis-Stiftung ca. 66 Mio. DM an Einnahmen aus Beratungen und FuE-Aufträgen; 95% dieser Einnahmen stammen unmittelbar aus der Wirtschaft. Dabei können die Steinbeis-Zentren allerdings in großem Umfang Nutzen aus vom Bundesland finanzierten Entwicklungskapazitäten der Fachhochschulen (Einrichtungen, Personal) ziehen. Sie gehören überwiegend der Gruppe (3), multisektoral/monotechnologisch, an.

2.3 Anforderungen an die wirtschaftsnahe Forschung im Wandel

Institutionen der wirtschaftsnahen Forschung bearbeiten ein Aufgabenspektrum von wachsender Bedeutung zwischen dem Wissenschaftssystem einerseits und den Bedürfnissen der Wirtschaft auf der anderen Seite. Um die Wissenschaftsdynamik aufgreifen und Industriepartnern neuartige technologische Wege zeigen zu können, müssen die Einrichtungen eigenständige Vorlaufforschung betreiben, die nicht von ihren industriellen Kunden finanziert wird. Die geforderte kreative Leistung läßt sich nicht allein über den Marktmechanismus sicherstellen. Um den technologischen Vorsprung und die Leistungsfähigkeit der wirtschaftsnahen Forschung zu garantieren, unterstützt der Staat daher die Einrichtungen im Rahmen seiner Technologie- und Innovationspolitik (vgl. *Abbildung 2.3.1*). Alle führenden Industrieländer unterhalten heute eine mehr oder minder gut ausgebaute Infrastruktur entsprechender Einrichtungen (vgl. z.B. Kandel 1993; Shapira 1993; Bossard Consultants 1989); im vorangegangenen Kapitel wurde bereits gezeigt, daß Baden-Württemberg ein dichtes Netz wirtschaftsnaher Forschung aufweist.

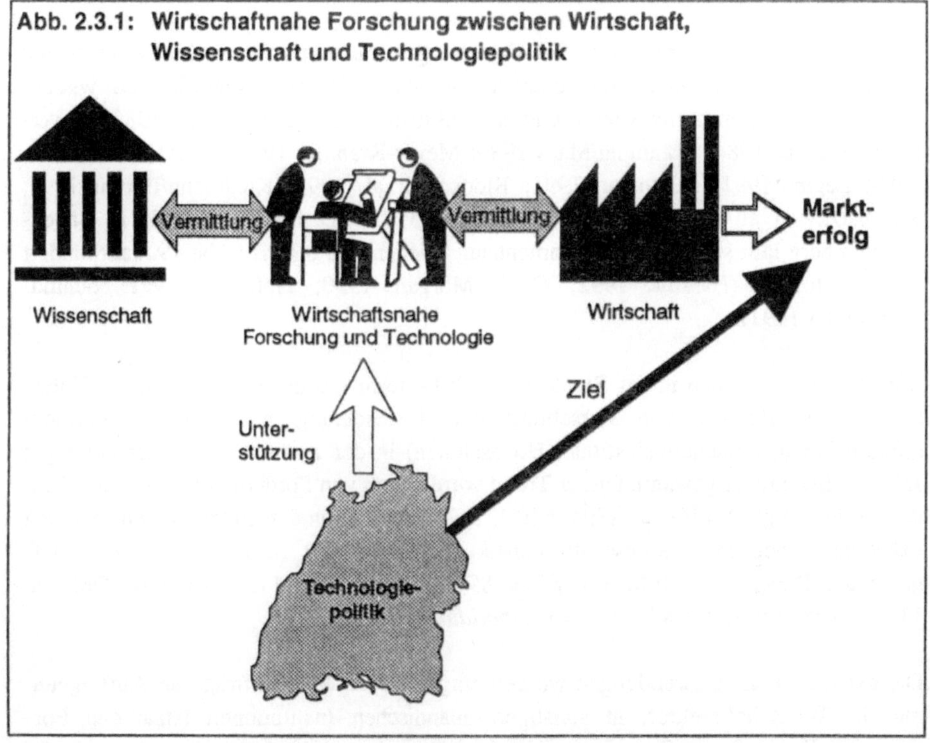

Bei genauer Betrachtung zeigt sich, daß die Mittlerfunktion der wirtschaftsnahen Forschung dauerndem Wandel ausgesetzt ist; die Anforderungen an ihre Leistungsfähigkeit ändern sich: Industrieller Strukturwandel und Marktdynamik bestimmen die Anforderungen seitens der Wirtschaft; Sprünge in der wissenschaftlichen Erkenntnis und die dynamische Technologieentwicklung beeinflussen die wirtschaftsnahe Forschung ebenfalls nachhaltig; die Technologiepolitik schließlich richtet veränderte Anforderungen an die wirtschaftsnahe Forschung im Rahmen ihrer Versuche, mit knapper gewordenen öffentlichen Mitteln den industriellen Strukturwandel zu steuern.

Die folgenden Abschnitte beschreiben neue Anforderungen an die wirtschaftsnahe Forschung aus den drei Perspektiven der Wirtschaft, der Wissenschaft bzw. der Technologieentwicklung und der Technologiepolitik. Ziel der Darstellung ist es, Hinweise auf moderne Erfolgsfaktoren und Leistungskriterien zu gewinnen.

2.3.1   Anforderungen der Wirtschaft

Die Bedeutung einer wirtschaftsnahen Forschungsinfrastruktur für die Innovations- und Wettbewerbsfähigkeit einer Wirtschaftsregion wurde in einer Vielzahl von wissenschaftlichen Studien nachgewiesen und ist unbestritten (Ewers/Wettmann 1980; Meyer-Krahmer et al. 1984; Bräunling/Maas 1989; Meyer-Krahmer 1990, 146ff; Böhler et al. 1989; Legler 1991; Kuhlmann 1991; Blöcker et al. 1992; Kuhlmann/Berteit 1993; Koschatzky et al. 1993; Rehfeld, Simonis 1993; OECD 1993b). Gerade in Baden-Württemberg läßt sich dieser Zusammenhang belegen und bis ins frühe 19. Jahrhundert zurückverfolgen (Hassink 1992; Cooke/Morgan 1990; Hofmann 1991; Schindler/Schüller 1991).

Die Statistik zeigt, daß in der Bundesrepublik Deutschland die Kooperation der Unternehmen im Bereich von Forschung und Entwicklung mit externen Partnern (Unternehmen, Forschungsinstitute, Hochschulen) in der zweiten Hälfte der achtziger Jahre an Bedeutung gewann. Dieser Trend wurde auch von Fördermaßnahmen des Bundes gestärkt (vgl. Wolff et al. 1994, 64ff.). 1992 wurden von den Unternehmen nach den Erhebungen der SV-Wissenschaftsstatistik insgesamt 56,2 Mrd. DM für FuE aufgewendet. Dabei fielen 50 Mrd. DM (ca. 89%) auf interne und rund 4,6 Mrd. DM (ca. 11%) auf externe Aufwendungen (vgl. *Abbildung 2.3.2*).

Die externen FuE-Aufwendungen werden eingesetzt für FuE-Aufträge an Auftragnehmer im Wirtschaftssektor, in sonstigen inländischen Institutionen (staatliche Forschungsstellen, private Organisationen ohne Erwerbszweck, Hochschulen) sowie im Ausland. Abbildung 2.3.3 zeigt die Entwicklung der internen und externen FuE-Aufwendungen in der Bundesrepublik im Vergleich zur Entwicklung der FuE-Gesamtaufwendungen (Index 1981 = 100). Die Kurve der externen FuE-Aufwendungen bei Unternehmen zeigt einen steilen Verlauf. Der Anteil der externen FuE-Aufwendungen an den FuE-Gesamtaufwendungen variiert zwischen den Beschäftigtengrößenklassen (vgl. *Abbildung 2.3.4*): Besonders die mittelgroßen Unternehmen mit 100-499 Beschäftigten lassen FuE-außerhalb des Unternehmens betreiben (vgl. auch Wolff et al. 1994, 75).

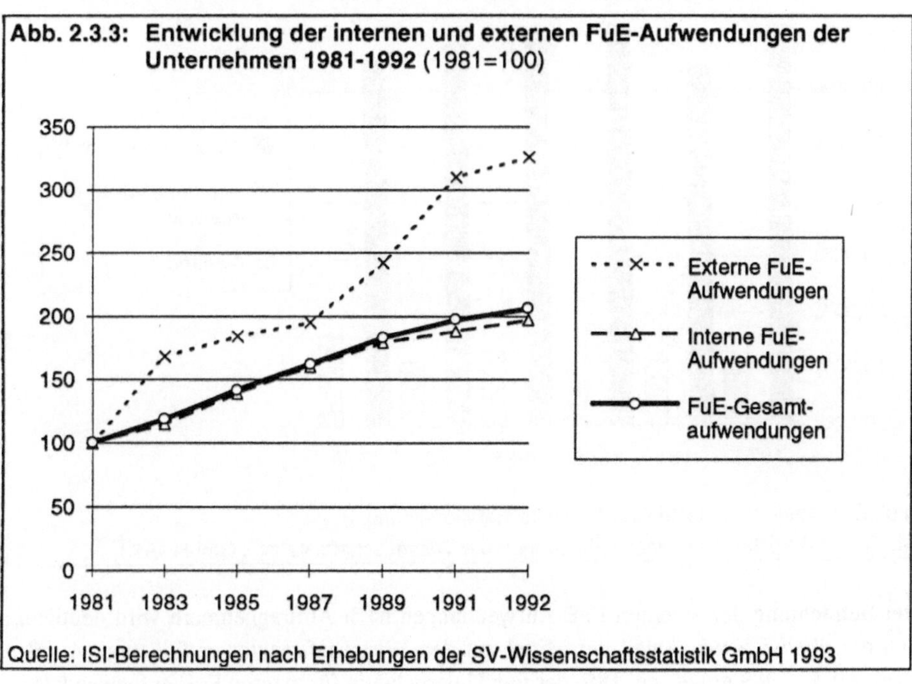

Abb. 2.3.2: Interne und externe FuE-Aufwendungen der Unternehmen 1981-1992

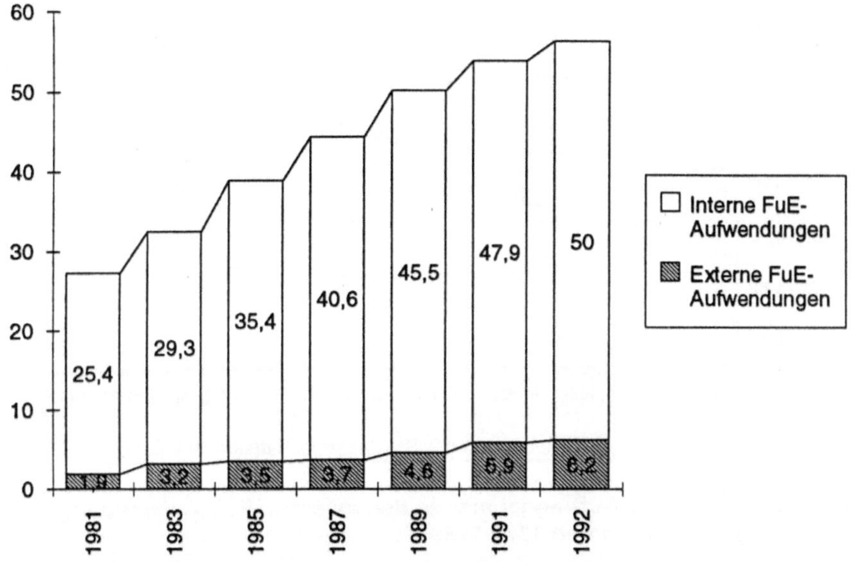

Quelle: ISI-Berechnungen nach Erhebungen der SV-Wissenschaftsstatistik GmbH 1993

Abb. 2.3.3: Entwicklung der internen und externen FuE-Aufwendungen der Unternehmen 1981-1992 (1981=100)

Quelle: ISI-Berechnungen nach Erhebungen der SV-Wissenschaftsstatistik GmbH 1993

Abb. 2.3.4: **Anteil der externen FuE-Aufwendungen an den FuE-Gesamtaufwendungen der Unternehmen** (nach sieben Beschäftigtengrößenklassen 1987)

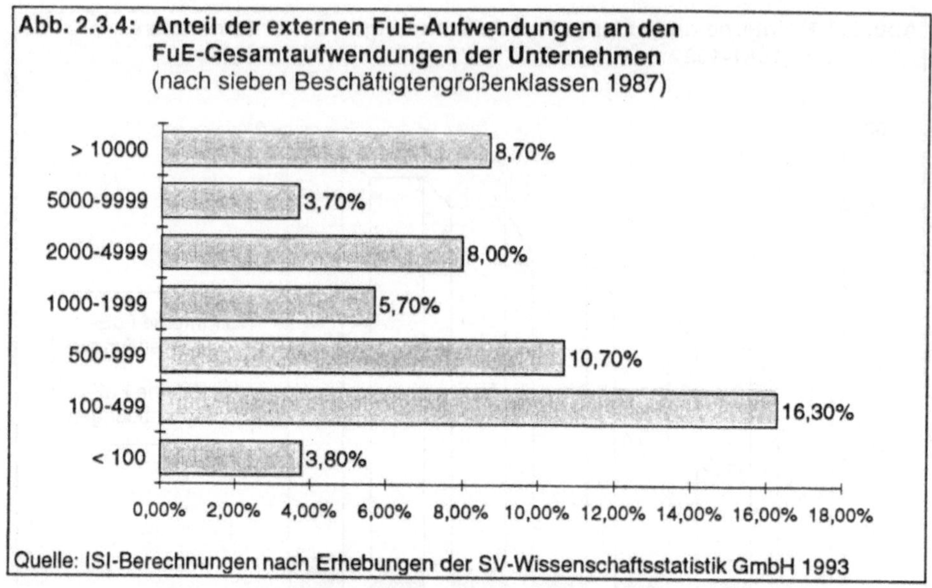

Quelle: ISI-Berechnungen nach Erhebungen der SV-Wissenschaftsstatistik GmbH 1993

Abb. 2.3.5: **Anteile der Auftragnehmer an den externen FuE-Aufwendungen der Unternehmen 1979-1989**

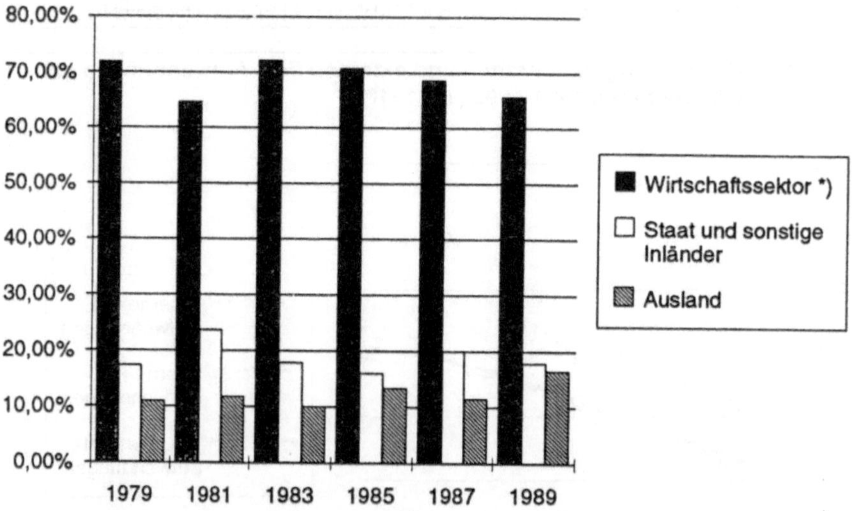

*) ohne Institute der Industriellen Gemeinschaftsforschung

Quelle: ISI-Berechnungen nach Erhebungen der Wissenschaftsstatistik GmbH 1993

Bei Betrachtung der externen FuE-Aufwendungen nach Auftragnehmern wird deutlich, daß der überwiegende Anteil der Mittel auf den Wirtschaftssektor entfällt (vgl. *Abbildung 2.3.5*). 1989 gingen ca. 18% der von Unternehmen für externe FuE aufgewendeten

15

Mittel an den Sektor "Staat und sonstige Inländer" (interpretierbar als inländische wirtschaftsnahe Forschung), ca. 16% an das Ausland und ca. 66% an den Wirtschaftssektor; darin kommt das hohe Ausmaß der technikbezogenen Zusammenarbeit zwischen den Unternehmen zum Ausdruck.

Im Verlauf der achtziger Jahren pendelte der Anteil der wirtschaftsnahen Forschung als Partner der Unternehmen bei externen FuE-Aktivitäten um 20%, bei insgesamt gestiegenen externen Aufwendungen[1] - dies ist die Größenordnung des "Marktes" der wirtschaftsnahen Forschung, wenn man die Unternehmen der Wirtschaft als "Kunden" betrachtet. Daneben finanzieren natürlich der Staat (Bund, Länder) und sonstige Forschungsförderer die Einrichtungen der wirtschaftsnahen Forschung.

Fragt man danach, welche Rolle die Einrichtungen der wirtschaftsnahen Forschung für kleine und mittlere Unternehmen spielen, so ergibt sich ein differenziertes Bild (vgl. *Abbildung 2.3.6*). Eine empirische Untersuchung zeigt, daß KMU technikbezogene

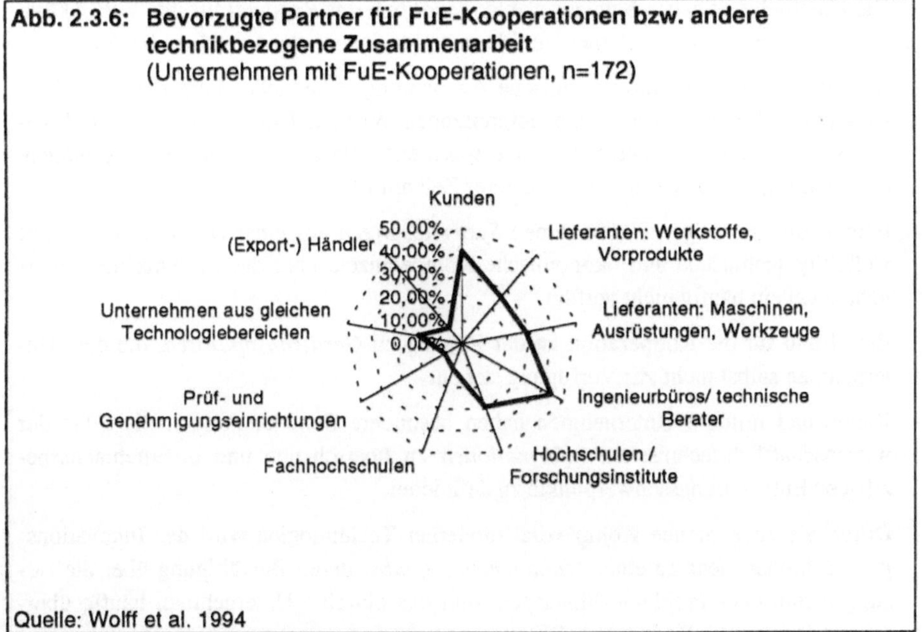

Abb. 2.3.6: Bevorzugte Partner für FuE-Kooperationen bzw. andere technikbezogene Zusammenarbeit
(Unternehmen mit FuE-Kooperationen, n=172)

Quelle: Wolff et al. 1994

---

[1] Anfang der neunziger Jahre stiegen die FuE-Aufwendungen der Wirtschaft nominal zwar weiterhin an, die Zahl der FuE-Beschäftigten jedoch sank. Der Anteil der externen FuE-Aufwendungen stieg weiter leicht an: 1989 9,2%, 1990 10,9% und 1992 11%; vgl. SV-Wissenschaftsstatistik 1993.

Zusammenarbeit erwartungsgemäß vor allem mit ihrem Kunden, mit Lieferanten und mit Ingenieurbüros betreiben; der Anteil von Kooperationen mit Hochschulen und Forschungseinrichtungen ist jedoch beträchtlich (vgl. auch Wolff et al. 1994).

Die Statistik und empirische Untersuchungen zeigen also deutlich die Bedeutung externer FuE-Kooperation für KMU. Folgt man der Literatur, dann liegen die Ursachen dafür in einer Reihe von Schwierigkeiten, mit denen besonders der Mittelstand zunehmend konfrontiert ist (vgl. zum folgenden Wolff et al. 1994, 143ff; Kuhlmann/Kuntze 1991; Kuntze et al. 1992; Dankbaar et al. 1993; Reger/Kungl 1994; Bürgel et al. 1994; vgl. auch *Abbildung 2.3.7*):

- So kann das Scheitern eines FuE-Vorhabens zur Existenzbedrohung eines Betriebes führen, da die Realisierung innovativer Vorhaben häufig mit besonders hohen Risiken verbunden ist. FuE-Aktivitäten stellen Unternehmen vor *technische* und *finanzielle* Probleme, die allein ohne Zusammenarbeit schwer zu bewältigen sind.

- Die Unternehmen haben Schwierigkeiten, *qualifiziertes Personal* für ihre FuE-Aktivitäten und den Einsatz moderner Verfahren zu gewinnen oder an sich zu binden.

- Die Organisation und die strategische Ausrichtung industrieller Forschung und Entwicklung befindet sich in einem tiefgreifenden Wandel. Durch verkürzte Produktionszyklen erhält der Faktor *Zeit* eine wachsende Bedeutung; immer aufwendigere Entwicklungen müssen in immer kürzerer Zeit amortisiert werden.

- Immer öfter benötigen Unternehmen *Systemlösungen* aus einer Hand; dies erfordert vielfältige technische und ökonomische Kompetenzen, über die ein einzelnes Unternehmen allein häufig nicht verfügt.

- Ein Grund für die Kooperation ist der Zugang zu *Geräten/Apparaten*, die dem Unternehmen selbst nicht zur Verfügung stehen.

- Kleine und mittlere Unternehmen haben besondere Schwierigkeiten, die Fülle der wissenschaftlich-technischen *Informationen* zu überschauen und unternehmensspezifische Entwicklungsschwerpunkte zu definieren.

- Durch die zunehmende Komplexität moderner Technologien wird der Innovationsprozeß immer mehr zu einer *Managementaufgabe*, deren Bewältigung über die Lösung technischer Probleme hinausgeht und das einzelne Unternehmen häufig überfordert (siehe auch Reger et al. 1994).

Die genannte Studie (Wolff et al., 1994, 168) fragte auch danach, ob Unternehmen besondere Probleme in der Zusammenarbeit mit Hochschulen oder Forschungsinstituten sehen: von ca. 67% der Unternehmen wird dies ganz oder teilweise bejaht (vgl. *Abbildung 2.3.8*). Am häufigsten werden folgende Probleme genannt: Universitäten/Forschungsinstitute hätten zu wenig Interesse an den spezifischen Forschungsauf-

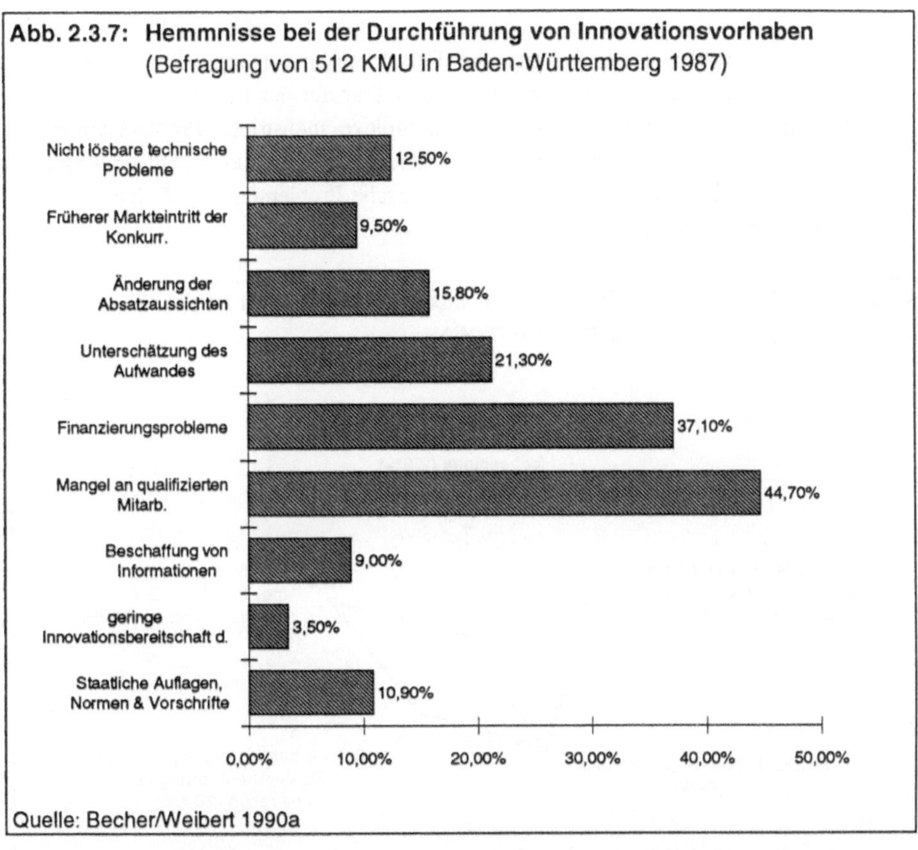

gaben kleiner Unternehmen (47%); hieraus kann man ein Erfordernis verstärkter Wirtschaftsorientierung solcher Einrichtungen ableiten, sofern sie als "wirtschaftsnahe" Institutionen staatlich gefördert werden. Hochschulen und spezialisierte Forschungseinrichtungen seien für mittelständische Unternehmen zu teuer (44%); hieraus kann man staatlichen Unterstützungsbedarf ableiten. Kooperationen führten oft nicht schnell genug zu einem Ergebnis (42%); daraus folgt die Forderung nach verbessertem Management der wirtschaftsnahen Forschung.

Vor diesem Hintergrund veränderter Herausforderungen an die Innovationsfähigkeit von Unternehmen, insbesondere an KMU, einerseits und typischer Anforderungen an Kooperationen zwischen Unternehmen und Forschungseinrichtungen andererseits lassen sich die folgenden generellen Anforderungen an wirtschaftsnahe Forschungseinrichtungen formulieren:

● *Entwicklung und Angebot von neuen Verfahren, Prototypen, Produkten:* Die Entwicklung und Anwendung von neuen Technologien ist zunehmend von Ergebnissen der anwendungsorientierten Forschung und in wachsendem Maße auch der Grundlagenforschung abhängig; wirtschaftsnahe Forschungseinrichtungen sind gefordert, problem- und umsetzungsorientiert sowohl den Transfer der Forschung in die industrielle Anwendung zu leisten, als auch komplexe industrielle Problemstellungen adäquat in die Forschung rückzuvermitteln; dabei können Lücken im anwendungsorientierten Grundlagenwissen gedeckt und technische Probleme in der Folge schneller gelöst werden (vgl. Grupp 1992).

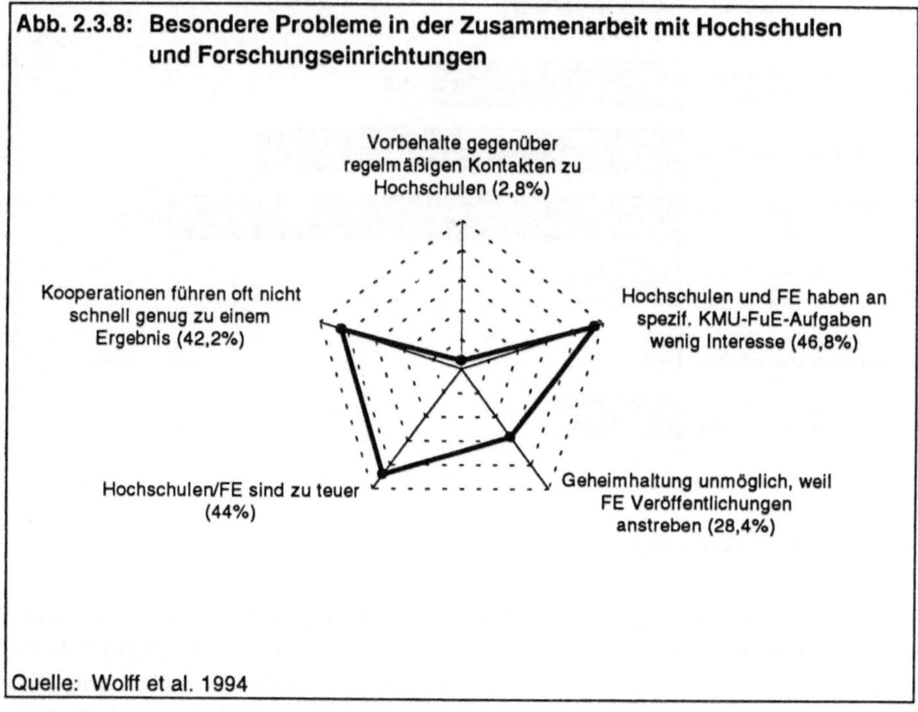

Abb. 2.3.8: Besondere Probleme in der Zusammenarbeit mit Hochschulen und Forschungseinrichtungen

Quelle: Wolff et al. 1994

● *Technologieverflechtung:* Die wachsende Verflechtung von heterogenen Technologien in Prozessen und Produkten stellt die industrielle FuE vor neue Herausforderungen (vgl. z.B. OECD 1993a); insbesondere KMU sind davon tendentiell überfordert, geraten unter Anpassungsdruck und suchen nach Unterstützung. Einrichtungen der wirtschaftsnahen Forschung können hier Hilfestellung leisten und den Bedarf decken, wenn sie folgende Anforderungen erfüllen (vgl. Kuhlmann/Berteit 1993): Entwicklung intelligenter Produkte und Verfahren durch die Kombination verschiedenartiger Techniken; Industrieforschung muß zunehmend Schnittstellenmanagement leisten können. Untersuchungen am Beispiel des Maschinenbaus zeigen (vgl. Reger/Kungl 1994), daß die Industrie noch Schwierigkeiten bei der Verflechtung von Technologien ganz unterschiedlicher Herkunft hat. Mehr als je zuvor müssen Vertreter unterschiedlicher Disziplinen der Ingenieurwissenschaften, der Naturwissenschaften und des Technologiemanagements bereit und in der Lage zur Kooperation sein (Interdisziplinarität). Die Herausforderung durch die Technologien der Zukunft besteht darin, die berufliche Qualifikation der wissenschaftlichen Mitarbeiter in der Industrie sowie der wirtschaftsnahen Forschung von schmalbandiger Spezialisierung auf lösungsorientierte, fachübergreifende Kompetenz umzupolen und die Flexibilität und die Fähigkeit zur Zusammenarbeit zu stärken (vgl. Grupp 1993, 166).

- *Risikominderung und Qualifikationsgewinn durch gemeinsame Forschungsvorhaben:* Forschungsvorhaben sind sehr kapitalintensiv und erfordern hohe Qualifikation und Interdisziplinarität. Der wachsende "Technologiegehalt" von Produkten und Produktionsprozessen, der zum großen Teil durch die Integration komplexer heterogener Technologien in einem einzigen Produkt zustande kommt (Beispiel: in der Meß-, Steuer-, Regeltechnik die Integration von mikro-mechanischen und anderen Mikro-Technologien zu "Mikrosystem-Technologien"), erfordert die Nutzung von Wissen und Problemlösungskapazitäten außerhalb der Unternehmen zur Verringerung der Risiken der Forschung und zur Überwindung des Mangels an ausreichenden unternehmensinternen Qualifikationen (vgl. Bürgel et al 1994; Kuhlmann/Kuntze 1991; Rotering 1990).

- *Beratung bei technischen und Managementproblemen:* Unternehmen stoßen bei ihren Entwicklungsaktivitäten häufig auf technische und Managementprobleme, die ohne Unterstützung schwer zu bewältigen sind. Wirtschaftsnahe Forschungsinstitute sind gefordert, sachkundige Beratung zu Chancen und Risiken von FuE-Aktivitäten anzubieten; hierzu gehört auch die Durchführung technisch-ökonomischer Studien (zum Stand der Technik, zukünftigen technischen Entwicklungslinien, Innovationspotentialen von Wettbewerbern, Märkten) (vgl. Kandel 1993).

- *Zugang zur materiellen Ausstattung von Forschungseinrichtungen:* Forschungseinrichtungen verfügen über hochwertige und moderne Spezialapparaturen, die sich die meisten Unternehmen finanziell nicht leisten können. Diese Ausstattung kann der Industrie fallweise zugänglich gemacht und dabei eine Einführung mit Unterstützung von Mitarbeitern des Instituts geleistet werden.

- *Hilfe bei der Einführung von neuen Verfahren/Produkten im Betrieb:* Der Erfolg der Industrie wird nicht allein vom Zugang zu neuesten Technologien bestimmt, sondern von der Fähigkeit, die Ergebnisse schneller und besser in einer serienmäßigen Fertigung umzusetzen. Wirtschaftsnahe Forschungseinrichtungen müssen im Bedarfsfall nicht nur bei der Entwicklung, sondern auch bei der Einführung innovativer Lösungen Hilfe anbieten.

- *Internationalisierung und verbesserte Informationsbeschaffung und -vermittlung:* Die Internationalisierung der Technologiemärkte, das Wachstum der Aufwendungen für FuE und der demographisch bedingte Mangel an geeigneten "Humanressourcen" zwingen dazu, die Forschung in Zukunft stärker überregional und international bündeln zu können. Die Möglichkeiten grenzüberschreitender Zusammenarbeit sollte von den Forschungseinrichtungen stärker genutzt und den Unternehmen zugänglich gemacht werden (vgl. z.B. Janssens 1993).

Moderne Informationssysteme schaffen Voraussetzungen dafür, das weltweite Wissen in Wissenschaft, Technik und Wirtschaft problemorientiert im direkten Zugriff abzurufen. Die wirtschaftsnahe Forschung ist aufgefordert, diese Möglichkeiten der systematischen Informationsbeschaffung aus nationalen und internationalen Quellen zu intensivieren und die Informationen interessierten Unternehmen weiterzugeben (vgl. Kandel 1993; Kalff 1993; OECD 1993b).

● *Transfer von qualifizierten Personen:* Technologische Innovationen sind nur mit hochqualifizierten Mitarbeitern im Management-, Entwicklungs- und Fertigungsbereich zu bewältigen. In der wirtschaftsnahen Forschung erfahrenes Personal kann im besonderen Maße geeignet sein, technologische Probleme zu lösen. Der Wechsel von qualifizierten Personen aus Hochschulen und Forschungseinrichtungen in Industrieunternehmen ist hierzu ein effektives Mittel.

● *Know-how Vermittlung (Weiterbildung):* In einer Zeit, in der die Innovationszyklen immer kürzer werden, wird die Weiterbildung der Berufstätigen zu einem wichtigen Wettbewerbsfaktor. Wenn die Unternehmen auf den Weltmärkten mit innovativen Produkten konkurrenzfähig bleiben wollen, müssen sie das Know-how ihrer Mitarbeiter immer auf den neuesten Stand bringen. Wirtschaftsnahe Forschungseinrichtungen sind gefordert, verstärkt bedarfsgerechte Weiterbildungsmaßnahmen für Berufstätige unter marktwirtschaftlichen Gesichtpunkten anzubieten (vgl. Kandel 1993).

● *Netzwerk-Orientierung:* Immer weniger kann das gesamte erforderliche Know-how technologie-intensiver Produkte und Verfahren allein in einem Forschungslaboratorium bereitgehalten werden. Forschungseinrichtungen müssen durch formelle und informelle Kooperation mit unterschiedlichen Partnern (Unternehmen, Hochschulen und sonstige Forschungseinrichtungen) deren komplementäre Stärken in "Technologie-Netzwerken" nutzen; sie können eigene Stärken dort einbringen (vgl. z.B. Barcelo 1993; OECD 1993b).

2.3.2 Anforderungen aus der Perspektive von Wissenschaft und Technologie

Die tragende Rolle wissenschaftlicher Forschung und der wissenschaftlich-technologischen Infrastruktur bei der Sicherung und Stärkung industrieller Innovationsfähigkeit ist seit langem bekannt und unbestritten. Vielfältige Studien der Innovationsforschung (beginnend mit TRACES, HINDSIGHT und SAPPHO) haben die lebenswichtige Bedeutung wissenschaftlicher und technologischer Information und Problemlösung für die Innovationsleistung nachgewiesen (vgl. u.a. Freeman 1982; Freeman 1993, 25; Pavitt 1993, 29).

Zu den Grundfunktionen der Wissenschaft gehört die Bereitstellung und Erneuerung des wissenschaftlichen Erkenntnisstandes in seiner Breite auf dem jeweils fortgeschrittensten Niveau und die Gewährleistung eigener Forschung. Forschungs- und Entwicklungstätigkeiten bestehen in hohem Maße aus dem Transfer von Erkenntnissen und Ideen (vgl. Schmoch et al. 1993). Die Aufnahme neuester wissenschaftlicher und technologischer Erkenntnisse stimuliert die Kreativität und das Leistungsvermögen der wirtschaftsnahen Forschungseinrichtungen. Hierbei können verschiedene Wissens-Transferformen unterschieden werden:

- Die ständige informelle, persönliche Kommunikation zwischen Wissenschaftlern unterschiedlicher Ausrichtungen und Institutionen ist das nachhaltigste Medium des Wissenstransfers. Forschungseinrichtungen müssen vielfältig in die "Science Community" eingebunden sein (durch Teilnahme an den wichtigsten Tagungen, Konferenzen, Seminaren etc., Mitgliedschaft in Forschungsbeiräten, Berufungen zu Expertengesprächen etc.).

- Einrichtungen der wirtschaftsnahen Forschung sollten in der Regel auch formell mit dem Wissenschaftssystem verbunden sein. Ein verbreitetes Basismodell besteht darin, daß der Institutsleiter zugleich Lehrstuhlinhaber an einer Universität oder Professor an einer Fachhochschule ist; dies garantiert die Koordinierung von Diplom- und Dissertationsvorhaben und den Transfer von Graduierten. Ein weitergehender Schritt besteht in gemeinsamen Forschungsprojekten mit Instituten der Grundlagenforschung als Beitrag zur eigenen "Vorlaufforschung" der wirtschaftsnahen Institute.

Die wirtschaftsnahe Forschung ist nicht der originäre Ort der Produktion "zweckfreien" wissenschaftlichen Erkenntnisgewinns; dies geschieht vorwiegend in Universitäten und Instituten der Grundlagenforschung. Es ist jedoch unverkennbar, daß die auf technologische Innovationen gerichtete wirtschaftsnahe Forschung zunehmend direkten Nutzen aus Erkenntnissen wissenschaftlicher Grundlagenforschung zieht und selbst in gewissem Umfange zweckgerichtete Grundlagenforschung betreiben muß; die wirtschaftliche Bedeutung von "science based innovations" wächst (siehe z.B. Grupp 1992). Leistungsfähige Institute der wirtschaftsnahen Forschung brauchen künftig mehr denn je eine starke "Wissenschaftsbindung" ihrer Tätigkeit (vgl. Grupp/Schmoch 1992).

Moderne technische Systeme, ob in Produkten oder Verfahren, basieren immer häufiger auf mehreren heterogenen Basistechnologien, deren Weiterentwicklung von komplexen Wechselwirkungen geprägt ist (siehe z.B. OECD 1993a; Kodama 1992). Der technologische Entstehungsprozeß von Innovationen wird zunehmend komplexer, sprunghafter und dynamischer. Ein aktiver und systematischer Beobachtungs- und Analyseprozeß des technologischen Umfeldes ist dafür erforderlich. Neue Technologien bauen nicht nur auf wissenschaftlichen Kenntnissen auf, sondern erfordern auch lösungsorientiertes Wissen. Deshalb wird von der wirtschaftsnahen Forschung nicht nur eine ausreichende Spezialisierung nach antiken Disziplinen gefordert, sondern zusätzlich eine Ausbildung und Einübung in interdisziplinären Problemlösungspraktiken.

In jüngerer Zeit fordert der Markt zunehmend das Angebot von *Systemlösungen*. Die Entstehung neuer Wissenschafts- und Technologiefelder in Form der "Kombinationswissenschaft" ist mit der Konsequenz vor allem einer wachsenden Bedeutung interdisziplinärer Forschung verbunden, die nicht nur für den wissenschaftlichen Erkenntnisfortschritt wichtig ist, sondern für die Entwicklung neuer Techniken unverzichtbar wird (vgl. Schmoch et al. 1994). Die Tendenz, daß wissenschaftliche und technische Fortschritte insbesondere von Ergebnissen interdisziplinärer bzw. multidisziplinärer FuE ausgehen, wird sich weiter verstärken. Obgleich die Leistungsfähigkeit der wissenschaftlich-technologischen Infrastruktur in Deutschland von Beobachtern überwiegend positiv eingeschätzt wird, wird aktuell ein Mangel an interdisziplinärer Ausrichtung der FuE-Prozesse konstatiert; der zur Bearbeitung interdisziplinärer Forschungsprojekte erforderliche Sachverstand sei nicht ausreichend vertreten (vgl. Harnisch 1992). Häufig sind keine Mittel für interdisziplinäre Forschungsprojekte vorhanden. Daraus resultiert die Forderung an die wirtschaftsnahe Forschung und an die sie stützende Industrie zu verstärkter *Multi-* und *Interdisziplinarität* sowie *fach-* und *institutsübergreifender* Anlage von Forschungstätigkeiten. Dabei sollen die fachlich-spezifischen Kompetenzen nicht vernachlässigt werden.

Die gewachsenen wissenschaftlichen und technologischen Anforderungen zwingen die wirtschaftsnahe Forschung immer häufiger auch zu *grenzüberschreitenden Kooperationen*, wie sie vor allem im Rahmen der EG-Förderung unterstützt werden (vgl. Reger/Kungl 1994; Reger/Kuhlmann 1995). Die Beteiligung der wirtschaftsnahen Forschung an internationalen Kooperationsprojekten kann noch deutlich wachsen. Ziel ist dabei die Nutzung von Synergien bei sich ergänzendem Sachverstand. Dadurch kann eine Erhöhung der Erfolgsaussichten bei gleichzeitiger Risikominderung erreicht werden (vgl. Harnisch 1992; Tsipouri et al. 1992).

Die wachsende Komplexität und Dynamik der derzeitigen und absehbaren Technologieentwicklungen erfordern verstärkte *Technologieplanung*. Interdisziplinäre Forschung braucht ein professionelles Management und neue Organisations- und Kooperationsstrukturen (vgl. Armstrong 1993; Dunleavy 1993; Fraunhofer-Gesellschaft 1993; Warschkow 1993; Bleicher 1990). Ein beträchtlicher Teil der Arbeitszeit muß zukünftig für das Management von Forschungs- und Innovationsvorhaben aufgewendet werden. Wirtschaftsnahe Forschungseinrichtungen sind aufgefordert, strategische Zielsetzungen für ihre Aktivitäten zu erarbeiten. Dazu gehören: die Formulierung von Strategien und Maßnahmen zur Erreichung der Zielsetzungen und damit einhergehend, die Validierung bzw. Infragestellung der Machbarkeit der strategischen Zielsetzungen und schließlich die Entwicklung von Kennziffern zur Messung des Erfolges der zu verfolgenden Strategien. Hierbei sollen angestrebte Know-how-Breite, Spezialisierungsgrad und Qualitätsniveau im ausgewählten Technologiebereich definiert sein (vgl. Syrbe 1992).

Insbesondere die *frühe Identifikation* und *Einschätzung zukünftiger Technologietrends* wird immer mehr zur entscheidenden Größe beim zeitabhängigen FuE-Wettlauf um zukünftige Marktpotentiale (vgl. Grupp 1993; BMFT 1993; Bagger 1993; Zahn/Braun 1993). Dabei sind wirtschaftsnahe Forschungseinrichtungen gefordert, strategisch relevante Technologiefelder auszuwählen und aufzugreifen. Neben der Erfassung von Expertenmeinungen und der Analyse des inländischen Marktgeschehens ist eine vergleichende Analyse ausländischer Forschungsaktivitäten ein wichtiges Instrument zur Identifikation von Technologietrends. Die Etablierung von Forschungspotentialen in den neuen Technologien ist zumeist mit großen apparativen und oft auch baulichen Investitionen verbunden. Die erheblichen Kosten für solche Neubauten (z.B. Experimentierbedingungen bei Mikroelektronik, oder Sicherheitsanforderungen in Biotechnologie) machen es erforderlich, stärker als bisher *Schwerpunktsetzungen* vorzunehmen.

Die konventionelle Art der Forschungsvorhaben geht überwiegend davon aus, daß im FuE-Bereich durch wissenschaftliche Kontakte, Literaturstudien und darauf basierende Entwicklungsarbeiten eine technikorientierte Innovation erfolgt, die später durch Industriekontakte vertieft und aufbereitet wird ("top-down"-Prinzip). Heute sollten Impulse für innovative Projekte jedoch aus Marktbeobachtungen und direkten Industriekontakten entstehen. Diese Maßnahmen lassen sich allgemein mit dem Begriff marktorientierte Innovation beschreiben ("bottom-up"-Prinzip). Für jede Aufgabe (Problem) wird eine wissenschaftliche Lösung gesucht und ermittelt, bei der oft mehrere Wissenschaftsgebiete beteiligt sind; das Problem des Technologietransfers existiert nicht, da die Betroffenen auf die Resultate warten (vgl. Schiele 1992). Für die wirtschaftnahe Forschung sind *beide Methoden unerläßlich.* Die eine leistet den Transfer von Ergebnissen der Grundlagenforschung in die industrielle Anwendung und zunehmend auch von industriellen Problemstellungen in die Grundlagenforschung; mit der zweiten können weitsichtige Technologiestrategien erarbeitet und strategische Innovationen durchgeführt werden.

2.3.3 Anforderungen aus der Perspektive der Technologiepolitik

Der Begriff *Technologiepolitik* bezeichnet nach anerkanntem Verständnis die Gesamtheit aller staatlichen Maßnahmen, die darauf gerichtet sind, die Umsetzung von technischen Erfindungen in wirtschaftliche Anwendungen (technische Innovationen) sowie die

Verbreitung dieser Produkt- und Prozeßinnovationen (Diffusion) zu unterstützen (vgl. Brockhaus 1993). Sie dient mit der Unterstützung der zielgerichteten Grundlagenforschung, der strategischen angewandten Forschung und der Industrieforschung dem Auf- und Ausbau eines "Innovationssystems". Sie schafft gesellschaftliche Rahmenbedingungen zur Durchführung von Forschung und Entwicklung (FuE) - insbesondere durch die Bereitstellung der notwendigen finanziellen Mittel (vgl. Cunningham/Barker 1992; Meyer-Krahmer/Kuntze 1992; vgl. auch *Abbildung 2.3.9*). Sie will die allgemeine Technikentwicklung bewußt beeinflussen, um damit die industrielle Wettbewerbsfähigkeit industrieller Unternehmen sicherzustellen (vgl. Grimmer et al. 1992; Walter 1993).

Abb. 2.3.9: Instrumente staatlicher Technologiepolitik

Im engeren Verständnis	Im weiteren Verständnis
Institutionelle Förderung - Großforschungseinrichtungen - Fraunhofer-Gesellschaft, - Max-Planck-Gesellschaft - Hochschulen - Andere Einrichtungen	*Öffentliche Nachfrage* gezielter Einsatz der Nachfrage öffentlicher Institutionen zur Förderung "erwünschter" technischer Entwicklungen, z.B. umweltschonender Verbrauchsgüter (Recyclingpapier, "Öko-Auto"
Finanzielle Anreize - Indirekte Förderung - Indirekte-spezifische Förderung - FuE-Projekte/ Verbünde - Risikokapital	*Korporatistische Maßnahmen* - Orientierungswissen, Langfristvisionen bereitstellen - Technikfolgen-Abschätzung - Technologiebeirat - Bewußtmachen der Bedeutung von Innovationen (awareness)
Übrige Infrastruktur sowie Technologietransfer über - Information und Beratung - Demonstrationszentren - Kooperation, Netzwerke, Menschen - Technologiezentren	*Aus- und Fortbildung* frühzeitige Einrichtung von Aus- und Fortbildungsmöglichkeiten für potentiellen Bedarf *Ordnungspolitik* - Wettbewerbspolitik - Rechtlicher Rahmen - Beeinflussung der privaten Nachfrage

Quelle: nach Meyer-Krahmer/Kuntze 1992

Neben der Bundesregierung als technologiepolitischem Hauptakteur (vgl. BMFT 1993a) treten in wachsendem Maße auch die Länder (z.T. auch regionale und kommunale Körperschaften) als Akteure auf. Zu den Zielen der Technologiepolitik unter regionalen Gesichtspunkten gehören neben der Steigerung der nationalen bzw. internationalen Wettbewerbsfähigkeit der Wirtschaft die Verbesserung der regionalen Wirtschaftsstruktur sowie die Schaffung und Sicherung von dauerhaften Arbeits- und Einkommensmöglichkeiten (z.B. Ewers/Wettmann 1980; Meyer-Krahmer et al. 1984). Damit verbunden sind verschiedene Teilziele, wie die Erleichterung von Existenzgründungen oder die Erreichung eines angemessenen Produktivitätswachstums.

Es gibt eine ganze Reihe von politischen Instrumenten der regionalen Innovations- und Technologieförderung (vgl. OECD 1993b). Diese können in vier Gruppen unterteilt werden (vgl. Hassink 1992):

- Förderung von *Hochschulen:* Das wichtigste Aktionsfeld der Forschungspolitik deutscher Bundesländer besteht in der Förderung von wissenschaftlicher Forschung und Lehre in Universitäten, Fachhochschulen und angegliederten Forschungsinstituten. Diese staatliche Aufgabe ist traditionell unumstritten.

- Förderung von *außeruniversitären Forschungseinrichtungen:* Die Bundesländer unterhalten heute eine mehr oder weniger breit gefächerte, außeruniversitäre (wirtschaftsnahe) Forschungsinfrastruktur. Sie soll der Wirtschaft ein kompetenter Partner sein, wenn sie ergänzend zur ihren eigenen Entwicklungsanstregungen externe wissenschaftliche Hilfestellung benötigt.

- Förderung der *FuE in den Unternehmen* oder Förderung von *Kooperationen zwischen Unternehmen und Forschungseinrichtungen:* Ziel ist die Stimulierung der in der Region ansässigen Firmen zur Intensivierung (in quantitativer oder qualitativer Hinsicht) oder Aufnahme von technologischen Innovationsaktivitäten. Von Kooperationen zwischen den FuE-Akteuren wird erhofft, daß die Umsetzung gewonnener Erkenntnisse zügiger als bisher erfolgt und die industrielle Modernisierung beschleunigt wird.

- Förderung des *Technologietransfers:* Ein Netz von Einrichtungen des Technologietransfers ergänzt das Forschungs- und Technologieangebot und erleichtert den Unternehmen den Zugang zu den wissenschaftlichen Ressourcen. Dazu gehört auch die Unterstützung von Wissenschaftlern und Universitätsabsolventen, die sich mit ihren Forschungsergebnissen selbständig machen wollen. Insbesondere auch KMU sollen ausreichend akademisches Personal aus Hochschulen oder außeruniversitären Forschungseinrichtungen rekrutieren können und somit "Technologietransfer über Köpfe" praktizieren.

Alle vier Förderlinien berühren das Tätigkeitsspektrum von Einrichtungen der wirtschaftsnahen Forschung. Aus der Perspektive der regionalen Technologiepolitik hat die wirtschaftsnahe Forschung die folgenden Funktionen zu erfüllen (vgl. zum folgenden auch Ministerium für Wirtschaft, Mittelstand und Technologie Baden-Württemberg 1988):

● *Aktive Orientierung an den Bedürfnissen der Wirtschaft:* Einrichtungen der wirtschaftsnahen Forschung müssen den in ständigem Wandel begriffenen wissenschaftlichen-technologischen Unterstützungsbedarf der Industrie in den von ihnen bearbeiteten Technologiefeldern frühzeitig erkennen, thematisieren und entsprechende Kompetenzen entwickeln, um den Bedarf befriedigend decken zu können. Dabei ist der Problemlage kleiner und mittlerer Unternehmen in besonderem Maße Rechnung zu tragen.

- *Aktiver Erwerb neuartiger wissenschaftlich-technologischer Kompetenzen:* Wirtschaftsnahe Forschungseinrichtungen müssen vorausschauend neue Felder erschließen, um sich wandelnde Anforderungen der Technologie, des Marktes und der Gesellschaft an die Wirtschaft beherrschbar zu machen. So ist etwa die Bearbeitung von neuen Themenstellungen wie die Verkopplung von industriellem Wachstum mit sparsamen Ressourcen-Verbrauch, die Verringerung der Abhängigkeit der Wirtschaft vom Öl oder neue Umweltkonzeptionen erwünscht.

- *Aktiver Know How- und Technologietransfer:* Hierzu zählen der nachfrageorientierte Transfer, wenn Firmen FuE-Aufträge an Forschungseinrichtungen geben, und der angebotsorientierte Transfer, wenn Forschungseinrichtungen FuE-Resultate an Externe zur wirtschaftlichen Verwertung anbieten.

- *Angebot von Beratungstätigkeiten:* Eine frühzeitige und sachkundige Beratung ermöglicht es Unternehmen, die mit den FuE-Vorhaben verbundenen Risiken rechtzeitig zu erkennen. Angesichts der zunehmenden Komplexität moderner Technologien wird der Innovationsprozeß immer mehr zu einer Managementaufgabe werden, deren Bewältigung über die Lösung technischer Probleme hinausgehen wird (vgl. Bayerisches Wirtschaftsministerium 1991).

- *Förderung von Personaltransfer bzw. "Transfer über Köpfe":* Gut ausgebildete Wissenschaftler, die in ihrer Ausbildung die Bedeutung von Forschung und Innovation erfahren haben, und deren Leistungswillen von den wirtschaftnahen Forschungseinrichtungen und der Industrie gepflegt und genutzt wird, gelten als großes Innovationspotential.

- *Förderung von Spin-off-Firmengründungen:* Wenn ein hochqualifizierter Mitarbeiter eines Forschungsinstituts die dort von ihm erarbeiteten FuE-Ergebnisse selbständig verwerten will, bietet sich die Gründung eines technologieorientierten Unternehmens an. Einrichtungen der wirtschaftsnahen Forschung sollten diesen Prozeß fördern (vgl. z.B. Fromhold-Eisebith 1992).

- *Technologieorientierte Weiterbildung:* Qualifizierte Mitarbeiter sind für jedes Unternehmen die Voraussetzung zur Bewältigung der Anforderungen des technologischen Wandels. Viele Unternehmen verfügen nicht über innerbetriebliche Weiterbildungsmöglichkeiten. Hier sollen Einrichtungen der wirtschaftsnahen Forschung unterstützend tätig werden.

- *Bereitstellung von technischer Ausstattung:* Viele (in der Regel kleine und mittlere) Unternehmen sind nicht im Besitz von hochwertigen Prüf- und Meßgeräten bzw. können sie wegen der hohen Preise nicht anschaffen. Forschungeinrichtungen können ihre hochwertige Grundausstattung Unternehmen zur Verfügung stellen.

- *Anziehung von FuE-orientierten Investitionen:* Die Möglichkeit zur Kooperation mit hochrangigen Forschungseinrichtungen, die über ein gutes Know-how und "human capital" verfügen, kann auswärtige Unternehmen zur Ansiedlung anreizen, wie auch ansässige Firmen zur Erweiterung ihrer FuE-Aktivitäten (vgl. z.B. Hofmann 1991).

Schließlich zeichnen sich neuartige Zukunftsaufgaben der wirtschaftsnahen Forschung ab. In der Innovationsforschung und -ökonomie wird argumentiert, daß neben die staatliche Förderung bestimmter Technologien oder die Erzielung von bestimmten Forschungsergebnissen die Aufgabe der *Unterstützung* von *institutionellen, organisatorischen* und *kommunikativen Prozessen* trete, die eine Optimierung von Forschung, Entwicklung, Innovation und Diffusion ermöglichen ("Enabling"-Prozesse). Die Technologiepolitik hat begonnen, diese Anforderung zu thematisieren und an die wirtschaftsnahe Forschung weiterzureichen (vgl. BMFT 1993a und b). Hierzu gehören die Ausnutzung, Schaffung und Stärkung von inter- und intrasektoralen Netzwerken, die Verflechtung von Grundlagen-, angewandter und Industrieforschung und des Informations- und Kooperationsverhaltens von Unternehmen, die Initiierung von Lernprozessen (inner- und überbetrieblich) sowie des Wandels der klassischen FuE-Förderung hin zum Technologiemanagement (Grupp 1993). In diesem Zusammenhang wird seit einiger Zeit verstärkt auf die Möglichkeiten einer technologieorientierten Industriepolitik hingewiesen; zum erweiterten technologiepolitischen Instrumentarium gehört z.B. die Definition von "Leitprojekten", die Stimulierung innovationsorientierter Nachfrage durch staatliche Vorgaben und die Schaffung von "Testmärkten" (Beispiele: Digitaler Rundfunk; umweltschutzorientierte Regulation und staatliche Nachfragebeeinflussung). Einrichtungen der wirtschaftsnahen Forschung haben sich diesem Funktionswandel zu stellen, sollten ihre Aktivitäten an *strategischen Zielsetzungen* orientieren, *effektive Organisations- und Managementstrukturen* einführen und ihre Leistungsangebote offerieren.

Die finanzielle staatliche Forschungsförderung durch Bund und Länder (institutionell und Projektförderung) verläuft seit Anfang der neunziger Jahre stagnierend oder rückläufig. Auch mit Blick auf das Ende des Jahrzehnts sind drastische Steigungsraten nicht zu erwarten. Eine *Fokussierung* des *staatlichen Engagements* in der wirtschaftsnahen Forschung, d.h. Priorisierung und Posteriorisierung von Förderfeldern ist daher dringend erforderlich und unvermeidlich. Darüber hinaus erfordern ökonomische Struktur- und Anpassungsprobleme gezielte Schwerpunktsetzung beim Aus- oder Umbau der wirtschaftsnahen Forschung zugunsten zukunftsträchtiger Industrien.

Gerade in Zeiten, in denen die Möglichkeiten der Disposition über FuE-Förderungsmittel enger werden, wird die Frage nach der Effektivität und Effizienz der wirtschaftsnahen Forschung zunehmend gestellt. Daraus resultiert das Erfordernis, Erfolgsfaktoren und Leistungskriterien für die wirtschaftsnahe Forschung zu benennen.

Bis hierher wurden generelle Zielsetzungen der Technologiepolitik in bezug auf die wirtschaftsnahe Forschung behandelt, wie sie durch Bund bzw. Länder verfolgt werden. Die Landesregierung von Baden-Württemberg hat diesem Zielspektrum ein eigenständiges Profil aufgeprägt - in der Vergangenheit (vgl. z.B. Ministerium für Wirtschaft, Mittelstand und Technologie Baden-Württemberg 1988) und in der Gegenwart. Die Technologiepolitik des Landes orientiert sich in den 90er Jahren an folgenden Leitlinien (vgl. Munz 1992):

- Sie zielt auf eine Konsensfindung im Rahmen einer dialogorientierten Wirtschafts- und Technologiepolitik unter Einbeziehung auch der Arbeitgeber- und Arbeitnehmerorganisationen;
- sie will die Universitäten stärker in den Prozeß der Sicherung des Wirtschaftsstandorts einbeziehen;
- sie unterstützt innovationsorientierte Kooperationen unter schwerpunktmäßiger Beteiligung von KMU;
- sie fördert die Teilnahme von KMU an grenzüberschreitenden Projekten, insbesondere EG-Projekten;
- sie strebt einen Ausgleich von wirtschafts- und technologiepolitischen Nachteilen aus der Neuorientierung von Stellenwert und Richtung der Technologiepolitik des Bundes an, soweit dies möglich ist.

Die Technologiepolitik ist nach der Koalitionsvereinbarung in Baden-Württemberg wichtigster Teil der Wirtschaftspolitik; sie soll die Konkurrenzfähigkeit der technologieintensiven Branchen steigern und den Strukturwandel der baden-württembergischen Wirtschaft beschleunigen, und sie soll helfen, neue Märkte zu erschließen und neue Produkte zu entwickeln. Die Schlüsselbereiche der baden-württembergischen Wirtschaft sollen stark werden vor allem durch:

- Stärkung innovativer Technologiebereiche,
- neue Impulse für umweltverträgliche Produktion- und Verfahrenstechniken,
- Ausbau des Technologietransfers,
- weitere Verbesserung der technologischen Infrastruktur (wirtschaftsnahe Forschung).

Die Bestimmung und Anwendung von Erfolgsfaktoren und Leistungskriterien ist ein wichtiger Beitrag zur strategischen Anpassung und Weiterentwicklung der wirtschaftsnahen Forschung des Landes und soll den erforderlichen Dialog über die Neubestimmung der Aufgaben der staatlich unterstützten wirtschaftsnahen Forschung erleichtern und stimulieren.

3. Ansätze zur Evaluation wirtschaftsnaher Forschung

Das forschungs- und technologiepolitische Interesse an den Möglichkeiten der Evaluation der institutionellen Förderung, einschließlich deren Verknüpfung mit der Bewertung von Projektförderung, ist in der Bundesrepublik in jüngster Zeit gewachsen. In diesem Kapitel sollen vorliegende Ergebnisse der Evaluationsforschung und praktische Erfahrungen bei der Evaluation der institutionellen Förderung des In- und Auslandes im Hinblick auf Bewertungsverfahren für Institute der wirtschaftsnahen Forschung gebündelt werden. Der Exkurs durch die Literatur erhebt nicht den Anspruch auf Vollständigkeit, versucht aber Trends und "Highlights" der Evaluation institutioneller Förderung, insbesondere auf dem Gebiet wirtschaftsnaher Forschung, vorzustellen. Die Indikatorensysteme verschiedener Autoren werden in der Regel nicht kommentiert, sie sollen für sich stehen.

Im vorliegenden Kapitel wird, ausgehend von Ergebnissen einer Analyse der Programmevaluationen des BMFT, zunächst die Problemlage institutioneller Förderung und Evaluation in der Bundesrepublik skizziert; Ausführungen zur Evaluation institutioneller Förderung in der Wissenschaft (Bewertungskriterien, Tätigkeit des Wissenschaftsrates), die auch für die Bewertung wirtschaftsnaher Forschung (wissenschaftsseitig) relevant sind, folgen (vgl. *Abschnitt 3.1*). Danach werden Studien des In- und Auslandes vorgestellt, die ausgewählte Forschungsansätze und praktische Erfahrungen bei der Evaluation von Forschungseinrichtungen der wirtschaftsnahen Forschung repräsentieren (vgl. *Abschnitt 3.2*). Aus der Sicht Deutschlands wird dabei auf Studien eingegangen, die das Umfeld der wirtschaftsnahen Forschung charakterisieren und Evaluationsverfahren zur Bewertung der Förderung der industriellen Gemeinschaftsforschung sowie von Technologie- und Gründerzentren, Transfereinrichtungen und "Forschungs-GmbHs" enthalten (vgl. *Abschnitt 3.2.1*). Danach erfolgt eine Beschreibung der Evaluation der "Engineering Research Centers" in den USA (vgl. *Abschnitt 3.2.2*). Anschließend werden aus der Sicht der Europäischen Union die Möglichkeiten der Evaluation von "Science Parks" und "Research and Technology Organisations" (RTO), ein Ansatz zur Bewertung von Industrieforschung der "Commonwealth Scientific and Industrial Research Organisation" (CSIRO) und die Evaluation von angewandter Forschung durch verschiedene japanische Einrichtungen besprochen (vgl. *Abschnitt 3.2.3*). In einem Resümee werden, ausgehend von der Literaturstudie, generelle Schlußfolgerungen für die Evaluation wirtschaftsnaher Forschungseinrichtungen formuliert (vgl. *Abschnitt 3.3*).

3.1 Evaluation institutioneller Förderung in der Bundesrepublik

3.1.1 Problemlage

Systematische Evaluationsverfahren (Analyseinstrumente) (vgl. Chen 1990; Wotta-wa/Thierau 1990; Rossi/Freeman 1985) fanden international relativ spät Eingang in die Forschungs- und Technologiepolitik (vgl. Vetterlein 1991; Rip 1990). Eine rasche Verbreitung vollzog sich vor allem in den USA. Logsdon und Rubin (1985) zeigen, daß hier bereits Mitte der 80er Jahre eine beachtliche Zahl von Wirkungsanalysen durchge-führt worden war; daneben kommt eine Vielzahl anderer Bewertungsverfahren (Kosten/Nutzen-Analysen, statistische Auswertungen, peer reviews u.a.) zum Einsatz. In der Bundesrepublik finden Studien zur Wirkungsanalyse forschungs- und technologie-politischer Programme seit Ende der 70er Jahre Anwendung. In jüngster Zeit hat das Interesse an Evaluationsverfahren noch einmal deutlich zugenommen. Ein Grund sind die einschneidenden Engpässe öffentlicher Haushalte, die den Zwang zu staatlichen In-terventionen erheblich vergrößern; dies gilt auch für Maßnahmen im Bereich Forschung und Technologie.

Programmevaluationen werden in der Bundesrepublik - anders als in einigen anderen Ländern - nicht vom politisch administrativen System selbst, sondern von verwal-tungsexternen, unabhängigen Forschungsinstituten durchgeführt (vgl. Becher/Kuhlmann 1995). Über 50 solcher Evaluationsstudien, die das Bundesministerium für Forschung und Technologie (BMFT) seit 1985 hat durchführen lassen, werden in einer Studie von Kuhlmann/Holland (1995) analysiert und kommentiert. Sie zeigen, daß bisher ver-gleichsweise häufig Wirkungen von BMFT-Förderprogrammen in den Bereichen marktnaher industrieller Forschung und Entwicklung, Technologietransfer und Techno-logiediffusion, also breiten- und öffentlichkeitswirksame Maßnahmen evaluiert wurden. Seit Ende der 80er Jahre waren zunehmend auch Programme, die Forschung und Entwicklung bestimmter Technologielinien stärken wollten, Gegenstand von Analysen. *Kaum untersucht* im Rahmen von unabhängigen Evaluationsstudien wurde hingegen die *projektunspezifische, institutionelle Förderung* von Forschungseinrichtungen.

Auf dem Gebiet der Grundlagenforschung betrifft die institutionelle Förderung die Max-Planck-Gesellschaft, Großforschungseinrichtungen und -anlagen, einen Teil der Institute der "Blauen Liste", aber auch die Hochschulforschung. Die Identifikation von For-schungsschwerpunkten und die Bewertung des erreichten Forschungsstandes in entspre-chenden Grundlagenforschungsinstituten erfolgen bis heute überwiegend in mehr oder weniger selbst organisierenden Prozessen durch Repräsentanten des Wissenschaftssy-stems, z.B. über wissenschaftliche Beiräte, Expertengutachten - also durch peer review-Verfahren (vgl. Kommission Grundlagenforschung des BMFT 1991).

Erst in jüngster Zeit hat es einige nennenswerte Anstrengungen gegeben, um den Beitrag von staatlich geförderten Forschungseinrichtungen für industrielle Innovationsprozesse zu analysieren und zu bewerten (vgl. BMFT 1994a und b; Bierhals et al. 1994).

Die Analyse zur Evaluationspraxis (Kuhlmann/Holland 1995) zeigte, daß der BMFT heute eine stärkere Abstimmung zwischen institutioneller und Projektförderung innerhalb seiner Programme anstrebt. Die *Verflechtung* von *institutioneller* und *Projektförderung verlangt* auch eine erheblich *engere Verkopplung der Evaluationspraxis in beiden Handlungsfeldern;* bisher existiert eine solche verknüpfte Evaluationspraxis nicht. Es sind daher Anstrengungen erforderlich, um Methoden und Instrumente für die institutionelle Evaluation wesentlich zu erweitern. Außerdem sind solche Indikatorensysteme auszuarbeiten, die gerade die Schnittstelle beider Fördertypen adäquat zu bewerten vermögen. Entsprechende Evaluationen müßten auf solche Fragen Antworten finden wie: Welche gemeinsamen Ziele und Strategien werden im Rahmen der Projektförderung und institutionellen Förderung verfolgt? Welche Kriterien gelten für beide Fördertypen? Wie können Projektförderung und institutionelle Förderung zwecks Erreichung der Ziele der FuE-Politik noch besser miteinander verflochten werden? Wie können Projektmittel genutzt werden, um beim Aufbau und der Umstrukturierung von Institutionen zu helfen? Wie muß das institutionelle Netzwerk organisiert werden, damit Projektmittel effizient zum Einsatz kommen?

3.1.2   Bewertung wissenschaftlicher Leistungen

Die zur Evaluation institutioneller Fördermaßnahmen notwendige Messung und Bewertung von Forschungsleistungen wird wissenschaftlich intensiv diskutiert (siehe Backes - Gellner 1989, Daniel/Fisch 1988, Fisch/Daniel 1986a, Leupold u.a. 1982). Die Ausgangsfragen lauteten: Kann Wissenschaft überhaupt gemessen und bewertet werden; wer fällt letztlich Urteile über die Bedeutung und Richtigkeit wissenschaftlicher Erkenntnisse (Fisch/Daniel 1986b; Spiegel 1986)? Je nach Vorstellungen über die Funktionsweise des Wissenschaftssystems (vgl. z.B. Mayntz 1984) wird auch darüber diskutiert, ob eher auf eine *interne* (innerhalb des Wissenschaftssystems funktionierende) oder eine *externe* (wissenschaftspolitische und gesellschaftliche) *Bewertung von Forschung* zurückgegriffen werden sollte.

Große Bedeutung im Rahmen interner Bewertungsverfahren haben "peer reviews" als ein "Instrument der Selbstregulierung der Wissenschaft" (Daniel 1993; vgl. auch OTA 1991; Anderson 1989; OECD 1987). Hartmann (1986) hat Gutachten und Fördervorschläge der *DFG* analysiert, um die fachspezifische Beurteilung durch Wissenschaftsvertreter anhand realer Praktiken transparent zu machen. Sie prüft, in welcher Dimension sich Gutachter zu folgenden *Bewertungskriterien* äußern:

- *Qualifikation und Reputation des Antragstellers*: allgemeine Äußerungen zur fachlichen Eignung oder zur Wertschätzung des Antragstellers in der "Scientific Community";

- *Vorarbeiten des Antragstellers*: projektspezifische Vorleistungen;

- *Relevanz in wissenschaftlicher Hinsicht*: Relevanz des Themas bzw. des Projektes im Hinblick auf wissenschaftsimmanente Gütekriterien;

- *Relevanz in praktischer Hinsicht*: Einschätzungen der Verwertungsmöglichkeit der Projektergebnisse im Hinblick auf außerakademische, d.h. ökonomische, politische oder klinisch psychologische Problemlagen;

- *Theoretische Qualität des Projektes*: Äußerungen der Gutachter über die Expliziertheit und Fundierung der Hypothesen, die Systematik des analytischen Bezugsrahmens oder die Klarheit der Definition und der Verwendung von Begriffen;

- *Methodische Qualität des Projekts*: Äußerungen zur Angemessenheit der Lösung allgemeiner Methodenfragen, Plausibilität der Forschungsstrategie oder der Wahl des Analyseverfahrens etc.;

- *Machbarkeit*: Anmerkungen zur Forschungsinfrastruktur des Projekts, d.h. technischen, sozialen und organisatorischen Ressourcen des Vorhabens;

- *Qualität der Forschungsplanung*: Detailfragen des Arbeitsplans und der Zeitkalkulation;

- *Kosten*: Stellungnahmen zu der Vertretbarkeit von Kosten, der Kostenmittelrelation und der Plausibilität der Kostenplanung;

- *Unspezifische Äußerungen*: Allgemein formulierte und diffuse Anmerkungen zu den Dimensionen Relevanz/Theorie/Methode.

Die Untersuchungsergebnisse zeigten, daß in einem ganz geringen Maße Machbarkeitsfragen und Aspekte der Forschungsplanung, d.h. die Lösung technischer, organisatorischer oder personeller Probleme aufgenommen werden und diese strukturellen Erfolgskriterien in keinem Fach einen signifikanten Einfluß auf das Fördervotum erkennen lassen (vgl. *Tabelle 3.1.1*). "Es sind vielmehr die *fachspezifischen Kriterien der wissenschaftlichen Gütekontrolle, die* in der Heterogenität der Stellungnahmen, Anmerkungen und Argumente *Gewicht haben und deutliche Reflexe der Konzeption der DFG sind*" (Hervorhebung durch die Autoren; Hartmann 1986, 394). Auch die Analyse zu den Programmevaluationen des BMFT lassen eine solche Schlußfolgerung zu: je näher die Förderung an der Grundlagenforschung ist, desto stärker treten Repräsentanten der wissenschaftlichen Community in den Vordergrund; sie bewerten und empfehlen fast ausschließlich nach wissenschaftsinternen Kriterien.

In Abhängigkeit der gewählten quantitativen und qualitativen Indikatoren können verschiedene Aspekte der Forschung analysiert und bewertet werden. In der Regel wird ein *Mix verschiedener Indikatoren für Evaluationszwecke erforderlich* sein (vgl. *Tabelle 3.1.2*). Von methodischer Bedeutung ist hierbei die Frage, ob die Forschung vor Beginn der Arbeit, während der Durchführung oder nach ihrer Beendigung bewertet werden soll, also in welchem Ausmaß *"input-, throughput- oder output-Indikatoren"* zu untersuchen sind. Größte Beachtung zwecks Bewertung von Forschungsleistungen genießt der Output-Indikator Publikation. Bibliometrische Analysen befassen sich z.B. mit Publikationszahlen, Zitierraten, Publikationstypen (Zeitschriften nach Qualität, Rangordnungsverfahren, Zugangsmöglichkeiten, Autorenzahl, Verbreitungskreis; Monografien; Sammelbände und Herausgebertätigkeit) (vgl. Backes-Gellner 1989). Die im Rahmen der Bewertung wissenschaftlicher Leistungen bewährten Indikatoren und die Art ihres Einsatzes schaffen methodische Voraussetzungen, um den Erfolgsfaktor "Wissenschaftsbindung" sowie das Leistungs-Kriterium "Wissenschaftlich-technologische Kompetenz", die in *Kapitel 4* vorgestellt werden, qualifiziert analysieren zu können.

Tab. 3.1.1: In den Gutachten zu Neuanträgen (ohne Kleinförderung) angesprochene Beurteilungsdimensionen, differenziert nach Fächern (in Prozent der jeweiligen Gutachten)

Dimension	Psycho-logie %	Elektro-technik %	Wirt-schafts-theorie %	Politik-wissen-schaft %	Ins-gesamt %
Qualifikation/Reputation	36,5	43,8	34,2	53,5	42,1
Vorarbeiten	32,7	34,8	25,0	25,6	30,2
Wissenschaftliche Relevanz	49,0	25,9	42,1	59,3	43,1
Praktische Relevanz	21,2	50,0	26,3	14,0	29,1
Theorie	58,7	22,3	42,1	60,5	45,0
Methode	53,8	20,5	32,9	32,6	34,9
Machbarkeit	18,3	39,3	18,4	31,4	27,5
Forschungsplanung	36,5	37,5	21,1	26,7	31,5
Kosten	54,8	50,9	32,9	26,7	42,9
Unspezifische Äußerungen zu Relevanz/Theorie/Methode	11,5	23,2	26,3	17,4	19,3
Gutachten(N)	104,0	112,0	76,0	86,0	378,0

Quelle: Hartmann 1986, 387

Ein weiteres Problem ist das *Aggregationsniveau* für die Bildung von Bewertungskennziffern. So können jeweils untereinander Einzelwissenschaftler (Daniel 1983), Forschergruppen (Fisch/Daniel 1986c; Mittmeir 1986), Institutionen (Fisch 1988; Giese 1988; Daniel 1988), Nationen (De Solla Price 1971) verglichen werden. Auch die Erfolgskontrolle wirtschaftsnaher Forschunginstitute muß auf verschiedenen Aggregationsebenen stattfinden.

Tab. 3.1.2:	Eine Übersicht über die Indikatoren für Leistungsmessung und -bewertung in der Forschung		
	Leistungsmessung	**Leistungsbewertung (quantitativ)**	**Leistungsbewertung (qualitativ)**
unmittelbar	• Zahl der Forschungsprojekte • Zahl und Umfang von Veröffentlichungen (evtl. gestaffelt nach Bedeutung der Publikationsorgane) • Zeitaufwand der Wissenschaftler je Semester und Studienjahr für Forschung • Zeitaufwand je Forschungsprojekt (oder Teile davon) • Zahl der Forschungsfreisemester	• Kosten der Forschung (ggf. nach Kostenarten untergliedert) • Kosten der Forschung/ Wissenschaftler • Kosten der Forschung/ Anzahl der Projekte • Kosten eines Forschungsprojektes/ durchschnittliche Projektkosten • Kosten der Forschung/Gesamtkosten der Institution • Kosten der Forschung/Kosten der Lehre • Erlöse aus Drittmitteln • Erlöse aus sonstiger Verwertung von Forschungsergebnissen	• Beurteilung durch Auftraggeber (bei Auftragsforschung) • Diskussion über Forschungsergebnisse
mittelbar	• Zahl der Dissertationen • Zahl der Habilitationen	• Zahl der Vorträge • Zahl der Patente und Lizenzen • Forschungsaufenthalte • Zahl der Forschungsaufenthalte, die von Dritten finanziert werden (Auftragsforschung) • Umfang der Drittmittelfinanzierung (absolut und relativ zur freien Forschung) • Forschungsberichte	• Bewertung durch fachkundige Kommissionen • Beurteilung durch Wissenschaftler • Beurteilung durch Wirtschaft und Verwaltung • Erlöse aus Drittmitteln • Zahl der Zitate je Semester und Studienjahr • Zahl der Zitate je Semester und Studienjahr im Verhältnis zu Zahl und Umfang von Veröffentlichungen • Nachhaltigkeit von Zitierungen • Anfragen, Ehrungen, Stipendien

Quelle: Bolsenkötter 1986, 45

3.1.3   Zur Tätigkeit des Wissenschaftsrates

In der Bundesrepublik führt, neben unabhängigen Forschungsinstituten, vor allem der Wissenschaftsrat Evaluationen des Wissenschaftssystems durch (vgl. Krull/Sensi/Sotirou 1991). Dabei leistet er vor allem Beiträge zur Evaluation von Forschungseinrichtungen.

In den Empfehlungen zu den Perspektiven der Hochschulen in den 90er Jahren (Wissenschaftsrat 1988) sind u.a. folgende *Aufgaben für Hochschulen* fixiert:

- Sicherung einer leistungsfähigen, im internationalen Wettbewerb konkurrenzfähigen Forschung;
- Gewährleistung einer steigenden Qualifizierung der Bevölkerung durch Bildung;
- Ausbildung sowie berufliche und außerberufliche Weiterbildung;
- Sicherung flexibler Studiengänge, um für den wirtschaftlichen und gesellschaftlichen Strukturwandel adäquate Qualifizierungsprofile anbieten zu können;
- Ausbildung eines qualifizierten wissenschaftlichen Nachwuchses als Hochschullehrernachwuchs und für die Forschung selbst.

Der Erfüllungsgrad der einzelnen Aufgabenschwerpunkte - zu ermitteln über qualitative Einschätzungen und quantitative Indikatoren - kann als Maßstab für das Leistungsvermögen des Hochschul- und Forschungssystems betrachtet werden.

Aus *Empfehlungen zur Zusammenarbeit von Hochschulen und Großforschungseinrichtungen* (Wissenschaftsrat 1991 a) ergeben sich ebenfalls indirekte Hinweise auf Leistungskriterien wissenschaftsbezogener Forschungseinrichtungen. Die Empfehlungen waren eine Reaktion auf die sich seit Ende der 70er Jahre vollziehende thematische Neuorientierung der Grundlagenforschung und entsprechende Annäherung der Forschungsarbeiten von Großforschungseinrichtungen und Hochschulen - insbesondere zu beobachten für die Gebiete Gesundheits- und Umweltforschung, aber auch für die zukunftsträchtigen neuen Technologien, wie z.B. Biotechnologie, Mikroelektronik, Informationstechnik oder Materialforschung.

In diesem Zusammenhang entstand die Frage, wer welche Fördermittel benötigt, wie eine Kooperation zwischen Hochschule und Großforschungseinrichtung zu optimieren sei. Der Wissenschaftsrat empfahl, die Notwendigkeit einer Großforschungseinrichtung in jedem Einzelfall immer wieder neu zu begründen und verlangte bestehende außeruniversitäre Institute in regelmäßigen Abständen zu evaluieren, entsprechend bisheriger Praktiken bei Instituten der "Blauen Liste". Zu beantworten war die Frage, inwieweit die Kooperation mit nahegelegenen Hochschulen ausgebaut werden kann und ob die Aufgaben des außeruniversitären Instituts auf Dauer nicht besser in einer Hochschule erfüllt werden können.

Wesentliche *Kriterien zur Spiegelung der Kooperationsbereitschaft von Großforschungseinrichtungen gegenüber Hochschulen* sieht der Wissenschaftsrat in den folgenden:

- Gemeinsame Berufungen von leitenden Wissenschaftlern in Großforschungseinrichtungen (mit Universitäten und Fachhochschulen);

- Lehrtätigkeit von Institutsleitern und anderen Wissenschaftlern (habilitierten) aus Großforschungseinrichtungen an Hochschulen (inklusive Betreuung von Diplom- und Doktorarbeiten);

- Förderung und Qualifizierung des wissenschaftlich-technischen Nachwuchses nach Abschluß des Hochschulstudiums (z.B. durch die Einrichtung gemeinsamer Graduiertenkollegs);

- Durchführung gemeinsamer Forschungsarbeiten mit Hochschulen bei verstärkter Nutzung infrastruktureller Vorteile der Großforschungseinrichtungen durch Hochschulen, insbesondere im Rahmen der zukunftsträchtigen neuen Technologien (z.B. durch die Bildung kooperativer Forschungsgruppen und Sonderforschungsbereiche);

- Intensivierung eines temporären Austausches von wissenschaftlichem Personal der Hochschulen (u.a. Schaffung von Gastforscherstellen für Wissenschaftler aus deutschen Hochschulen seitens der Großforschungseinrichtungen);

- Unterstützung internationaler Kontakte von Hochschulen;

- Einbeziehung von Wissenschaftlern aus Hochschulen in Beratungs- und Berufungsgremien der Großforschungseinrichtungen (insbesondere, wenn neue Institute eingerichtet und entsprechende Institutsleiter neu berufen werden sollen);

- Auf- und Ausbau von Netzwerkstrukturen zwecks überregionaler Zusammenarbeit in mittelgroßen Forschergruppen (Alternative zu alleinigen Schwerpunktbildungen an außeruniversitären Forschungseinrichtungen).

Unter methodischen Gesichtspunkten ist die *Bewertung außeruniversitärer Forschungseinrichtungen der Akademie der Wissenschaften der DDR* hervorhebenswert (Wissenschaftsrat 1991 b). Auf dem Wege zur Schaffung eines gesamtdeutschen Wissenschaftssystems erhielt der Wissenschaftsrat die Aufgabe, Stellungnahmen zu den genannten Instituten der neuen Bundesländer zu erarbeiten. Grundlage hierfür bildeten die Erfahrungen bei der Evaluation außeruniversitärer Forschung der alten Bundesländer; gleichzeitig wurde klar, daß spezifische Evaluationsverfahren (insbesondere beim organisatorischen Herangehen) für die Bewertung außeruniversitärer Forschungseinrichtungen entwickelt werden mußten (Krull 1992).

<table>
<tr><td colspan="2">Tab. 3.1.3:   Zusammensetzung des Evalutionskomitees</td></tr>
<tr><td>Vorsitzende:</td><td>der Vorsitzende des Wissenschaftsrates und
der Vorsitzende der Wissenschaftskommission</td></tr>
<tr><td>Mitglieder:</td><td>der Vorsitzenden einer jeden Expertengruppe und zusätzlich
je ein Wissenschaftler der Expertengruppen folgender Fachbereiche:
    • Kunst und Geisteswissenschaften
    • Wirtschafts- und Sozialwissenschaften
    • Mathematik, Informatik, Automatisierung und Mechanik
    • Physik
    • Chemie
    • Biowissenschaften und Medizin
    • Geo- und Kosmoswissenschaften
    • Agrarwissenschaften
    • Bauwesen und Architektur
zwei Repräsentanten der Bundesregierung
zwei Repräsentanten der Länderregierungen</td></tr>
<tr><td>Gäste:</td><td>die Präsidenten der sechs größten Forschungsganisationen
(DFG, MPG, FhG, AGF, HRK, BLE)
der Präsident der ostdeutschen Akademie der Wissenschaften
Repräsentanten der Landesregierungen der fünf neuen Bundesländer
und des Berliner Senats für Wissenschaft und Forschung</td></tr>
<tr><td colspan="2">Quelle: Krull 1992</td></tr>
</table>

Es wurde ein Evaluationskomitee gegründet (vgl. *Tabelle 3.1.3*), das die Berichte von neun Expertengruppen entgegengenommen und über die Wissenschaftskommission an den Wissenschaftsrat weitergegeben hat (ebenso wurde mit Expertengruppen verfahren, die zur Rekonstruktion der Hochschulen gebildet wurden) (vgl. *Abbildung 3.1.1*). Die Zusammensetzung einer Expertengruppe am Beispiel der biologischen und medizinischen Forschung zeigt *Tabelle 3.1.4*. Die Expertengruppen hatten den Auftrag, die Qualität der wissenschaftlichen Arbeit zu evaluieren und organisatorische und strukturelle Vorschläge für die Fortsetzung von Forschungsaktivitäten zu unterbreiten. Zusätzlich zu den neun Expertengruppen gab es eine Querschnittsgruppe zur Umweltforschung. Sie hatte die Aufgabe, relevante Empfehlungen verschiedener naturwissenschaftlicher Gruppen zu koordinieren und ein passendes Konzept für die Rekonstruktion dieses bedeutenden Feldes künftiger Forschungsaktivitäten zu entwickeln.

Im Juli 1990 wurden die Institute der Akademie der Wissenschaften der DDR aufgefordert, 23 Fragen zu beantworten und die Antworten an den Wissenschaftsrat zu senden. Die anderen Institute erhielten im Herbst eine Liste mit gleichen oder ähnlichen Fragen. Nach diesem Muster fand auch eine Befragung in den alten Bundesländern statt. In der Zeit von Ende September 1990 bis Ende Juni 1991 wurden insgesamt mehr als 130 Institute besucht. Die Untersuchung ergab, daß in den neuen Bundesländern die

Qualität der Arbeit stärker als in den alten Bundesländern mit strukturellen und organisatorischen Aspekten verknüpft war. Schwerpunkt der Untersuchung war nicht nur die Evaluation der wissenschaftlichen Effizienz der ostdeutschen Institute hinsichtlich internationaler Qualitätsstandards; es sollten vielmehr auch Ausssagen darüber getroffen werden, welche Personal- und Ausrüstungserfordernisse bestehen, um künftig dem aktuellen internationalen Standard zu entsprechen.

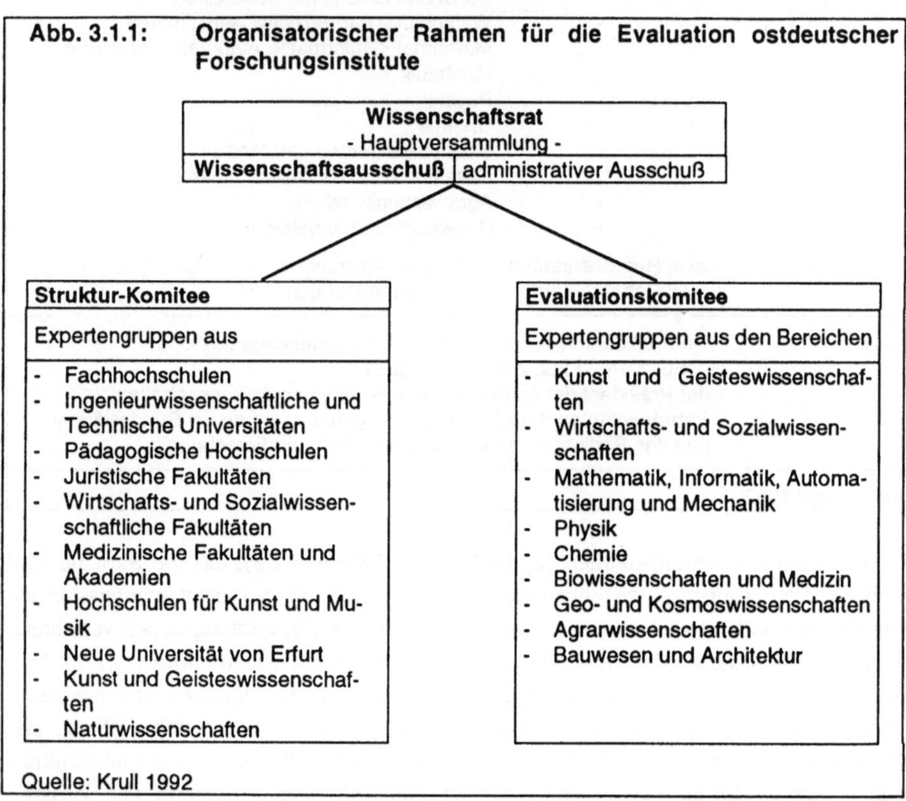

Kürzlich präsentierte der Wissenschaftsrat eine weitere bedeutende Evaluationsstudie. In ihr wird mit der Umweltforschung erstmals ein gesamtes Forschungsgebiet flächendeckend für ganz Deutschland bewertet. Die institutionelle Förderung von Großforschungseinrichtungen sowie die Projektförderung im Umweltbereich werden hier einer umfassenden Analyse unterzogen; das Verhältnis von Förderaufwand und Forschungsertrag wird untersucht und kritisch diskutiert (Ronzheimer 1993).

Zusammenfassend läßt sich festhalten: Der Wissenschaftsrat nimmt in der Bundesrepublik eine exponierte Stellung bei der Analyse und Bewertung von Forschungseinrichtungen ein: Mit den Empfehlungen zu den Perspektiven der Hochschulen sowie der Zusammenarbeit von Hochschulen und Großforschungseinrichtungen hat er Hinweise zu deren Erfolgskontrolle geliefert; die formulierten Erfolgsfaktoren für Hochschulen und die Kriterien zur Spiegelung der Kooperation zwischen Großforschungseinrichtungen und Hochschulen sind Elemente, an denen Indikatoren zur Leistungsbewertung dieser Einrichtungen abgeleitet werden können. Die Bewertung der Akademieinstitute in den neuen Bundesländern durch den Wissenschaftsrat zeigte ein mögliches Herangchen an die Evaluation von Forschungseinrichtungen und zugleich das Ausmaß der Schwierigkeit, Institute in ihrem konkreten Umfeld adäquat zu evaluieren.

Tab. 3.1.4:	Zusammensetzung der Expertengruppe für Biowissenschaften und Medizin
Vorsitzender und Stellvertreter	zwei Mitglieder der Wissenschaftskommission des Wissenschaftrats
Mitglieder:	7 Wissenschaftler aus Westdeutschland 3 Wissenschaftler aus Ostdeutschland 4 Wissenschaftler aus der Schweiz 1 Wissenschaftler aus Finnland 1 Wissenschaftler aus Frankreich 1 Wissenschaftler aus den Vereinigten Staaten 1 Repräsentant der Bundesregierung 1 Repräsentant der Landesregierungen
zusätzliche Experten: (für spezielle "site-visits")	12 Spezialisten (z.B. aus der Industrie)
Gäste:	Repräsentanten der Landesregierungen der neuen Bundesländer.und des Berliner Senats für Wissenschaft und Forschung
Quelle: Krull 1992	

3.2 In- und ausländische Erfahrungen bei der Evaluation von Einrichtungen der wirtschaftsnahen Forschung

3.2.1 Evaluation wirtschaftsnaher Forschungseinrichtungen in der Bundesrepublik

In der Bundesrepublik gibt es bisher keine ausgearbeiteten und allgemein anerkannten Evaluationskriterien und -verfahren, um wirtschaftsnahe Forschungseinrichtungen zu bewerten. Aber in einer Reihe von Studien, die der Erfolgskontrolle technologieorientierter Länderprogramme sowie der Evaluation von Fördermaßnahmen zur Unterstützung von FuE-Kooperationen, insbesondere kleiner und mittlerer Unternehmen, dienen, sind methodische (Teil-)Ansätze zur Bewertung entsprechender Institute und ihres Umfeldes enthalten. Wie kompliziert in der Praxis die Messung des Beitrages wirtschaftsnaher Forschung ist, zeigt eine Studie zur Untersuchung der industriellen Gemeinschaftsforschung. Unmittelbare Versuche, wirtschaftsnahe Forschungseinrichtungen zu evaluieren, betreffen vor allem Technologie- und Gründerzentren, Transfereinrichtungen und "Forschungs-GmbHs" in den neuen Bundesländern.

Evaluation technologieorientierter Länderprogramme

Regional orientierte Programmevaluationen enthalten z.T. Elemente zur Bewertung von Institutionen der wirtschaftsnahen Forschung wie beispielsweise die *Evaluationsstudie zum Zukunftstechnologieprogramm des Landes Nordrhein-Westfalen* (NRW) (Lehner u.a. 1989).

Der Wissenschaftsteil der NRW-"Initiative Zukunftstechnologien" ist ein Programm, das im wesentlichen aus folgenden drei Komponenten besteht:

- Förderung einschlägiger Forschungsprojekte (Projektförderung),
- Verbesserung von Forschungsinfrastrukturmaßnahmen durch Mittel für den Ausbau der sachlichen und personellen Ausstattung von Forschungseinrichtungen, die Beschaffung von Großgeräten und die Ausstattung von vier Großprojekten (Infrastrukturmaßnahmen),
- Einrichtung weiterer Transferstellen an den Hochschulen des Landes.

Die Projektförderung zielt auf die kurzfristige Induzierung von Forschung ab, um Kapazitäten auszubauen, den Transfer von Forschungsergebnissen zu fördern und um rasche positive Auswirkungen der Forschung auf die ökonomische und ökologische Erneuerung des Landes zu erzeugen. Mit den Infrastrukturmaßnahmen sollen die einschlägigen Forschungskapazitäten (insbesondere im Bereich "Zukunftstechnologien") längerfristig ausgebaut und neue Forschungsbereiche (an den NRW-Hochschulen und -Forschungseinrichtungen) entwickelt werden. Sowohl die Projektförderung als auch die Infrastrukturmaßnahmen sind Gegenstand der Evaluation mit Betonung auf ersterer; die Studie ist also zugleich ein Beispiel für die Kopplung von Evaluationen in zwei verschiedenen Förderfeldern sowie für eine Schnittstellenevaluation.

Die Wirkungen der Projektförderung wurden anhand folgender Untersuchungsdimensionen überprüft:

- Anwendungsorientierung der geförderten Forschung (Korrelation mit der Wirtschaftsstruktur des Landes),
- Kooperation mit der Wirtschaft (u.a. Hervorbringung von Produkt- und Prozeßinnovationen), Aufgreifen neuer Fragestellungen und Aufbau neuer Forschungsschwerpunkte,
- inhaltliche Programmstruktur.

Für die Überprüfung der Wirkungen der Infrastrukturmaßnahmen wurden folgende Untersuchungsdimensionen gewählt:

- zusätzlich eingeworbene Forschungsmittel und Personalstellen (Entwicklung/Vergrößerung des Ressourceneinsatzes),
- Ausbau von Forschungskapazitäten,
- zukünftige Aussichten für die Einwerbung zusätzlicher Mittel und Stellen,
- Relevanz der Förderung für die Einwerbung zusätzlicher Mittel und Stellen,
- Struktur der geförderten Forschung (Leistungs- und Anpassungsfähigkeit der relevanten Forschung).

In einem Beitrag von Legler (1992) wird ein Ansatz zur *Evaluation* des *Gesamtbündels technologiepolitischer Maßnahmen des Landes Niedersachsen* vorgestellt. Er nennt in diesem Zusammenhang Kriterien, anhand derer das Umfeld wirtschaftsnaher Forschungseinrichtungen einer Region analysiert und bewertet werden kann:

- Stellung des technologieorientierten Sektors (Angebot von Spitzentechnologien, Bedeutung technologischer Nischen, Wettbewerbsfähigkeit der Innovationskraft);
- Struktur, Nutzung, Entwicklung der industriellen FuE-Kapazitäten;
- sektorale Verteilung des FuE-Potentials;
- räumliche Verteilung von FuE der Unternehmen;
- Anteil von KMU im Innovationswettbewerb (u.a. FuE-Personaleinsatz);
- Internationalisierung des Innovationsprozesses (Konzentration, regionale Differenzierung, Umverteilung von FuE-Standorten);
- Innovationsverhalten der Industrie (Ziele der Innovationstätigkeit, Innovationsimpulse, Innovationsengpässe).

Die hier hervorgehobenen Studien verweisen auf vor allem auf zwei Aspekte, die auch für die Bewertung wirtschaftsnaher Forschungsinstitute relevant sind: Erstens, um entsprechende Einrichtungen adäquat evaluieren zu können, muß auch deren industrielles Umfeld analysiert und eingeschätzt werden; zweitens, aufeinander verweisende Maßnahmen der institutionellen und der Projekt-Förderung müssen integriert evaluiert werden.

Evaluation der Förderung von FuE-Kooperationen kleiner und mittlerer Unternehmen

Aspekte der Evaluation institutioneller Fördermaßnahmen werden in einer *Studie zur FuE-Kooperation von kleinen und mittleren Unternehmen (KMU)* behandelt (Wolff u.a. 1994). Zum einen wird hier das breite Problemspektrum von FuE-Kooperationen, zum anderen werden Formen technikbezogener Zusammenarbeit zwischen Unternehmen sowie zwischen Unternehmen und Einrichtungen der innovationsunterstützenden Dienstleistungsinfrastruktur umfassend analysiert und diskutiert. Zum anderen liefert die Studie Anhaltspunkte zur Bewertung institutioneller Fördermaßnahmen. Die Bewertung entsprechender BMFT-Fördermaßnahmen erfolgt aus Sicht der Probleme von KMU bei FuE-Kooperationen und betraf die Förderung von: Auftragsforschung und Entwicklung (seit 1978); Forschungskooperation zwischen Wirtschaft und Wissenschaft (seit 1985); "Zentren für Information und Beratung in neuen Technologien" im Rahmen der Fachprogramme.

Die zuletzt genannte Maßnahme betraf eine auf fünf Jahre befristete institutionelle Förderung von Informations- und Beratungsangeboten im Spannungsfeld zwischen Wissenschaft (wirtschaftsnahen Forschungseinrichtungen) und Wirtschaft (kleine und mittlere Unternehmen); sie wurde im Gegensatz zu den anderen Maßnahmen erstmalig bewertet. Die Evaluation erwies sich aus der Sicht der Bearbeiter als kompliziert und war nur eingeschränkt möglich, u.a. weil die Zentren noch sehr jung waren, ihre Wirkungen daher nur sehr schwer meßbar sind und Erfahrungen kaum vorliegen; weil es unter den Zentren (z.B. in Abhängigkeit ihrer technischen Schwerpunkte) eine große Heterogenität gibt und weil - auch aufgrund ihrer relativ kleinen Zahl - Vergleiche nur schwer möglich sind. Außerdem stellten die Evaluatoren fest, daß sich für Leistungen, wie sie die Zentren im Vorfeld von Kontakten bieten sollen, keine einfachen und schnell überprüfbaren Erfolgskriterien festlegen lassen. Schließlich wurde versucht, anhand folgender Kriterien eine Bewertung vorzunehmen:

- nach Technologiefeldern, Alter, Trägertypen;

- nach Aufgabenspektrum (z.B. an der Schnittstelle zur Praxis, um eine zusätzliche Finanzierung für technische Ausstattungen zu ermöglichen; Akquisition von Drittaufträgen);

- nach Finanzen (durchschnittliche Relation hinsichtlich Budget und Personalbestand);

- Kostenstruktur (u.a. nach Personal, Investitionen, laufenden Kosten, Relation öffentlicher/eigener Mittel);

- nach Personal (gesamt, Personalstruktur im Hinblick auf Wissenschaftler, technische Mitarbeiter, sonstigem Personal wie z.B. wissenschaftliche Hilfskräfte);

- nach Leistungsspektrum (auf den Gebieten: Information, Demonstration und Schulungen, individueller Arbeitsangebote);

- nach den Nutzern (Besucherzahlen, Zugehörigkeit der Besucher zu Wirtschaftszweigen und Regionen, Anzahl von Mehrfachnutzern);

- nach Motiven der Nutzung (im Hinblick auf die technologische Kompetenz, Anwendungsbezogenheit, breites Leistungsspektrum, apparative Ausstattung);

- nach Erfahrungen der Zentren mit KMU;

- nach Erfahrungen der Nutzer.

Tab. 3.2.1: **Fördernde und hemmende Faktoren der Verbundinitiierung und Partnerwahl**

Verbundinitiierung	
Fördernde Faktoren	**Hemmende Faktoren**
– Diversifikation in verwandte/neue Technologiefelder – Zeit- und Kostenvorteile – Zugang zu komplementären F&E-Ressourcen (insbesondere zu Forschungsinstituten), besserer Technologietransfer und Partizipation am Wissen anderer – Verminderung des technischen/wirtschaftlichen Risikos	– Schwierigkeiten und Zeitbedarf bei der Partnersuche und Projektabstimmung – Fehlendes Kooperationskonzept und fehlende Kooperationserfahrungen – Risiko eines ungewollten Know-how-Transfers – Persönliche "Inkompabilitäten" zwischen den Partnern – Divergierende Interessen von Institut und Industrie – Lange Entscheidungsprozesse – Sprachprobleme – Akquisitions- und Verwaltungsaufwand

Partnerwahl	
Fördernde Faktoren	**Hemmende Faktoren**
– Nutzung der Netzwerke von Projektträgern/Forschungsinstituten – Verbundpartner im wettbewerbsfreien Raum effektivieren die Zusammenarbeit – Projektkoordination über Forschungsinstitute – Transparenz über die eigene Ressourcenstärke ist wesentliche Voraussetzung für die Erstellung eines Partnerprofils	– In manchen Technikfeldern überhaupt einen Partner zu finden – Schwierige Schnittstellenkoordination mit Partnern aus verschiedenen Technikfeldern – Persönliche Differenzen zwischen den Projektpartnern behindern den Technologietransfer – Divergenz von Einzel- und Gesamtinteresse der Partner

Quelle: Hafkesbrink/ Bock 1992

In einer *Studie zum Management von FuE-Kooperationen in High-Tech-Feldern* werden Erfolgsfaktoren für die Verbundforschung zwischen KMU und Forschungseinrichtungen in der "Mikrosystemtechnik" (MST) untersucht (Hafkesbrink/Bock 1992). Allein die Liste der Erfolgsfaktoren (fördernde Faktoren) und entsprechender hemmender

Faktoren zur Verbundinitiierung und Partnerwahl (vgl. *Tabelle 3.2.1*) zeigt, daß ein breites Spektrum von Aspekten zu berücksichtigen ist, um das von uns vorgeschlagene Element "Verbundprojekte" innerhalb des Erfolgsfaktors "Industriebindung" bzw. des Leistungskriteriums "wissenschaftlich-technologische Kompetenz" bewerten zu können (siehe *Kapitel 4*).

Auch die in Anlehnung an Guy/Georghiou (1991) entwickelten Faktoren, die auf den Projektfortschritt wirken, geben ein Bild über wichtige Erfolgsfaktoren für eine gute Leistungsfähigkeit der wirtschaftsnahen Forschung, insbesondere unter Kooperationsgesichtspunkten (vgl. *Tabelle 3.2.2*).

Tab. 3.2.2: Faktoren, die auf den Projektfortschritt von FuE-Kooperationen wirken (Auszug)

Faktoren	%-Anteil von Teams	
	positive Einschätzung	negative Einschätzung
Einschätzungsbilanz positiv:		
Kompetenz der eigenen Organisation	56	12
Projektbeirat	49	3
Kompetenz der industriellen Partner	43	23
Kompetenz der akademischen Partner	35	18
Mitgliedschaft in Alvey-Clubs	34	4
Einschätzungsbilanz negativ:		
Organisatorische, strategische und personelle Veränderung der Partner	2	50
Overhead-Kosten der Kooperation	4	43
Schwierigkeiten bei der Personalakquisition	3	42
Verhandlung über Schutz- und Nutzungsrechte	10	42
Technische Schwierigkeiten	6	39
Personalfluktuation	3	39
Kompetenz der Förderadministration	19	31
Mangelndes Interesse auf Seiten der Partner	5	26
Mangelnde interne Projektunterstützung	2	25
Mangelndes internes Interesse	2	21

Quelle: Hafkesbrink/Bock 1992, nach Guy/Georghiou u.a. 1991

Studie zur Untersuchung der industriellen Gemeinschaftsforschung

Die industrielle Gemeinschaftsforschung - eines der ältesten Instrumente der öffentlichen Forschungsförderung in der Bundesrepublik - hat zum Ziel,
- anwendungsorientierte Forschungs- und Entwicklungsprojekte zu fördern,
- die technische Leistungsfähigkeit kleiner und mittlerer Unternehmen zu verstärken,

- Kooperationen zwischen Unternehmen untereinander und mit Forschungsinstituten anzuregen und zu unterstützen.

Eine Evaluationsstudie hatte die Aufgabe, Strukturen und Arbeitsweisen der industriellen Gemeinschaftsforschung zu untersuchen (Baur et al. 1989). Diese Studie ist in unserem Kontext besonders interessant, weil sie deutlich macht, wie schwierig es ist, Beiträge zur wirtschaftsnahen Forschung zu bewerten, wie gefährlich es unter Umständen ist, durch unzureichende Kriterien die Förderzielstellung zu beeinträchtigen und schließlich, wie wenig entwickelt eine "Evaluationsszene" zur Bewertung wirtschaftsnaher Forschung noch ist (dabei ist allerdings zu bedenken, daß seit der Studie vier Jahre vergangen sind).

Der öffentlichen Förderung der industriellen Gemeinschaftsforschung liegt die Entscheidung des Bundesministeriums für Wirtschaft (BMWi) zugrunde, daß die Auswahl der zu fördernden Forschungsprojekte über eine Selbstverwaltungseinrichtung der Forschungsvereinigungen selbst geschieht (realisiert über die "Arbeitsgemeinschaft industrielle Forschungsvereinigungen", AIF). Die AIF hat dafür ein Begutachtungsverfahren entwickelt. Nur befürwortete Anträge werden an den Bewilligungsausschuß mit der Bitte um Empfehlung zur Förderung durch das BMWi weitergereicht. Alle mit diesem Vorgehen in Verbindung stehenden Verwaltungs-, Kontroll- und Abwicklungsaufgaben werden von der AIF wahrgenommen. Sie hat für die Begutachtungsverfahren Gutachtergruppen, geordnet nach Fachgebieten, eingesetzt.

Maßgeblich für die *Begutachtung der Anträge* ist eine positive Beantwortung der Fragen nach

- der wissenschaftlichen und wirtschaftlichen Bedeutung,
- der Bedeutung für KMU,
- der Angemessenheit von Zeit und Mittel für die Projekte,
- der ausreichenden Darstellung der beabsichtigten praktischen Umsetzung.

Die Evaluatoren schätzen den *Nutzen des Gutachterverfahrens* bei der AIF eher kritisch ein. Auswahl und Arbeitsmöglichkeiten der Gutachter, vor allem aber die faktisch alles dominierende Vorgabe der Mittelverteilung, an der sich bereits die Forschungsvereinigungen bei ihren Anträgen orientieren, rechtfertigen aus ihrer Sicht kaum den Aufwand für die Gutachtergremien, zumal die wichtigsten Ziele der industriellen Gemeinschaftsforschung (Anwendungsorientierung, Bedeutung für KMU, Bedeutung von Kooperationsbeziehungen) nicht im Mittelpunkt des Gutachterverfahrens stehen (vgl. *Tabelle 3.2.3*). Die Gutachterverfahren der AIF-Gemeinschaftsforschung scheinen aus der Sicht der Evaluatoren zur Erfüllung der Programmzielsetzungen relativ wenig überzeugend; teilweise sind sie ihres Erachtens sogar geeignet, eines der zentralen Ziele

Tab. 3.2.3:	Rückwirkungen des Gutachterverfahrens bei der AIF auf die Erfüllung der zentralen Ziele der industriellen Gemeinschaftsforschung			
	Förderung anwendungsorientierter FuE-Projekte	Förderung kleiner und mittlerer Unternehmen	Förderung der Kooperation in FuE	Beitrag zur Zielerreichung
1. Besetzung der Gutachtergruppe	O	–	O	–
2. Wissenschaftlicher Anspruch an Projekte	–	--	–	–
3. Hoher Verarbeitungsaufwand zum Nachweis der Vermeidung von Doppelarbeiten	+	O	O	+
4. Verzicht auf Prioritätensetzung im Hinblick auf Anwendungs-, Wirtschafts- und KMU-Relevanz	–	--	–	–
5. Arbeitsbelastung der Gutachter	–	–	–	–
6. Prüfung auf Durchführbarkeit und Ergebnissicherheit	O	O	O	O
7. Konzentration auf traditionelle Forschungsgebiete - Aversion gegen grenzüberschreitende Fragestellungen	–	--	–	–
++ hoher Beitrag zur Zielerreichung + unterstützt Zielerreichung O ohne erkennbaren Einfluß		– behindert Zielerreichung -- steht einer Zielgruppe entgegen		
Quelle: Baur 1989				

(die Förderung von KMU) nachhaltig zu beeinträchtigen. Ausschlaggebend seien hierbei vor allem die allgemeinen Erfahrungen im Umgang mit dem Gutachterwesen der AIF. Negativen Einfluß auf den Begutachtermodus hätten die Besetzung der Gutachtergruppen und die ihr zugrundeliegende Problematik ihrer Rekrutierung und die Arbeitsbelastung der Gutachter im jeweils aktuellen Gutachterverfahren. Beide Effekte würden tendenziell Forschungsanträge aus etablierten Forschungsinstituten begünstigen, deren Arbeiten und möglicherweise sogar Anträge den Gutachtern bereits aus ihrer Mitarbeit in den Forschungseinrichtungen bekannt sind und deren Anträge sie daher auch bei nur kurzer Prüfung schneller einzuschätzen vermögen.

Die Studie empfiehlt zu überlegen, in welchem Maße auf ein wissenschaftliches Begutachtungsverfahren verzichtet werden kann. Eine zentrale Prüfung der Förderanträge ließe sich aus ihrer Sicht stark verringern, wenn einerseits die formal überprüfbaren

Kriterien so auf die Programmziele ausgerichtet werden, daß sich die zentrale Überwachung darauf konzentrieren könnte, und andererseits die Forschungsvereinigungen verpflichtet werden, sich stärker als bisher der *öffentlichen Diskussion* zu stellen und gegebenenfalls zu einer *externen Evaluation* ihrer Aktivitäten bereit zu sein.

Evaluation von Technologie- und Gründerzentren, Technologietransferstellen und Forschungs-GmbHs

Deutsche *Technologie- und Gründerzentren* sind Gegenstand zahlreicher wissenschaftlicher Analysen und Betrachtungen (z.B. Pleschak/Tamásy 1994; Bauer/Hannig 1992; Tichy 1990; Dose/Drexler 1988; Clapham/Scholz-Babbert 1989; Bräunling u.a. 1985). Methoden der Erfolgskontrolle von Technologie- und Gründerzentren werden erstmalig von Sternberg breiter diskutiert und Evaluationsergebnisse offeriert (Sternberg 1992 und 1988).

Sternberg (1992) geht davon aus, daß das bisherige Instrumentarium zur Evaluation von Technologie- und Gründerzentren noch wenig entwickelt ist. Ein solches auszuarbeiten ist aus seiner Sicht auch schwierig, weil die Technologie- und Gründerzentren divergierende Ziele verfolgen, unterschiedliche Funktionen erfüllen, Differenzen im Hinblick auf Alter und Größe aufweisen etc. Systematische Erfolgskontrollen aller Einrichtungen werden aus Mangel ihrer Vergleichbarkeit erschwert. Die *Tabelle 3.2.4* bringt zum Ausdruck, nach welchen Evaluationskriterien und -methoden Wirkungsanalysen von Technologie- und Gründerzentren durchgeführt werden könnten. Diese und einige andere werden in seinem Beitrag näher diskutiert.

Im Rahmen der Evaluation des Schweizer CIM-Aktionsprogramms 1992 bewerten Dreher u.a. (1993) *CIM-Bildungszentren* (CBZ). Sie wurden als "Kernstück des Programms" zur Steigerung der Wettbewerbsfähigkeit der Schweizer Industrie im Laufe des Jahres 1990 gegründet und sollen 1996 finanziell selbständig sein. Ihre Angebotspalette umfaßt folgende Bereiche:

- Aus- und Weiterbildung,
- Technologietransfer, insbesondere für kleine und mittlere Unternehmen durch Beratungs- und Demonstrationsvorhaben,
- praxisorientierte Forschung und Entwicklung.

In der ersten Phase der begleitenden Evaluation bestand ein wesentliches Ziel darin, die Funktionstüchtigkeit der eingerichteten CBZ (Vernetzung der CIM-Bildungszentren mit CIM-Partnerbetrieben und die "Einfilzung" in regionale Netzwerke) zu überprüfen.

Tab. 3.2.4: Aspekte, Methoden und Probleme von Wirkungsanalysen der Technologie- und Gründerzentren

Aspekt	Mögliche Fragestellungen (Auswahl)	Durchführbarkeit
1	2	3
Klientelanalyse	In welchem Umfang werden die angestrebten Zielgruppen (z.B. TOU) tatsächlich erreicht?	+
Akzeptanzanalyse	Wie bewerten die ansässigen Unternehmer das TGZ und die dort angebotenen Leistungen?	+
Intendierte Effekte	Wird die Zahl und die Überlebenschancen der TOU in der Region erhöht?	o
Lerneffekte	Sind Universitäten und Großunternehmen nach Ende der Aufbauphase der TGZ eher bereit, sich an diesen organisatorisch und finanziell zu beteiligen?	o
Mitnehmereffekte	In welchem Umfang sind Unternehmen in den TGZ angesiedelt, die auch ohne deren Unterstützung gegründet worden wären bzw. die Wachstumsphase erreicht hätten?	+
Überprüfung von Annahmen	Ist die betriebswirtschaftliche und technische Beratung eine existentiell wichtige Hilfe für junge TOU? Sehen die Unternehmer in der Reduzierung der Fixkosten und in der räumlichen Nähe zu vergleichbaren TOU einen großen Standortvorteil?	o
Kommerzialisierung, Diffusion	Erweist sich der Standort der TGZ als vorteilhaft bei der Akquisition von Aufträgen und beim Übergang von Prototyp- zur Marktproduktion (Finanzierung)?	o
Implementation, administrative Abwicklung	Mindern Konflikte innerhalb der TGZ-Organisation die Wirkung dieses Instrumentes für TOU?	o
Nicht intendierte Effekte	Hat die Vielzahl von TGZ-Gründungen zu einem Imageverlust des Gesamtkonzeptes geführt? Bewirkte die Anwendung neuer Techniken durch von TGZ geförderten TOU negative Effekte auf den lokalen Arbeitsmarkt (Rationalisierung)?	-

Methode	Fragestellungen (Auswahl)	Probleme	Durchführbarkeit
4	5	6	7
Vorher-Nacher Vergleich	Gibt es signifikante Unterschiede in Struktur und Verhalten der Unternehmen vor und nach Einzug in das TGZ (bzw. vor und nach Auszug)? Wie hat sich der ökonom. und technologische Stand der Region seit dem TGZ-Ausbau verändert?	Daten stammen allein von geförderten Unternehmen (Verzerrung durch Eigeninteresse); viele TOU erst kurz vor Einzug gegründet (kein Vergleich möglich; Entwicklung entspricht natürlichem Wachstum junger Unternehmen	+
Kontrollgruppenkonzept	Gibt es signifikante Differenzen in Situation (betriebsw., F&E-Intensität) und Verhalten zwischen vergleichbaren Unternehmen innerhalb und außerhalb der TGZ? Haben sich vergleichbare Kommunen mit bzw. ohne TGZ prinzipiell andersartig hinsichtlich ökonom. und technologischer Kriterien entwickelt?	Identifizierung vergleichbarer Unternehmen bzw. Kommunen; Datenprobleme	o

ökonometrische Modelle	Forciert die Beratung in technischen Fragen die Produktivitätsentwicklung der TOU?	Vielzahl notwendiger Annahmen, Daten- und Theoriedefizite, bisher in BRD kaum angewendet	-
Fallstudienansatz	(im Idealfall alle jene Fragen, die die Beziehung TGZ/Kommunale Wirtschaftsförderung bzw. Innovations- bzw. Gründungsförderung betreffen und sich auf <u>ein</u> TGZ und/ oder Unternehmen beziehen)	relativ "weiche", da primär diskriptive Methode; Übertragung auf andere TGZ-Kommunen bzw. -Unternehmen nur schwer möglich	+
Monitoring-Ansätze	Beeinflussen Defizite in der administrativen Durchführung die Wirkung der TGZ auf Region und Unternehmen?	bisher auch für andere Instrumente der Technologie- und Wirtschaftspolitik kaum angewendet	-
es bedeuten	+ im wesentlichen machbar	o teilweise machbar	- nicht oder kaum machbar

Quelle: Sternberg 1988b, in Anlehnung an Meyer-Krahmer 1986, ergänzt und verändert

Außerdem sollte der Frage nachgegangen werden, ob die CBZ, die ihnen gesteckten Leistungsaufträge erreicht haben bzw. in der Zukunft erreichen werden. Dazu gehören:

- Gestaltung des (zukünftigen) Angebots (ganzheitliches CIM-Verständnis, Schwerpunktthemen, interdisziplinäre Zusammenarbeit, Herstellerunabhängigkeit, Praxisorientierung etc.);
- Effizienz des Managements und Engagements der Träger (Organisationsform, Referentenwahl, Trägerzusammensetzung, effiziente Zusammenarbeit);
- Beteiligung der schweizerischen Industrie (Häufigkeit, Zufriedenheit, Erfolg bei KMU, Rolle der CIM-Partnerbetriebe, Beiträge der Industrie, regionale Verankerung).

Die Evaluatoren analysierten den Aufbau der CIM-Bildungszentren im Hinblick auf mögliche Erfolgsfaktoren. Sie unterscheiden dabei *strukturelle Erfolgsfaktoren und Umfeldfaktoren*. Als strukturelle Erfolgsfaktoren ermittelten sie die Zentralität der Struktur der CBZ in der Leistungserbringung und die Autonomie ihrer Entscheidungen. Die CBZ haben sich bei der Angebotsabgabe für eine dezentrale oder zentrale Struktur entschieden. Das entscheidende Kriterium ist hierbei die Anzahl der Standorte innerhalb eines CBZ, an denen große Teile der Dienstleistungen an Weiterbildung, Technologietransfer und FuE erbracht werden. Die Autonomie der CBZ gegenüber den sie tragenden Schuleinrichtungen ist laut Evaluatoren ein qualitatives Kriterium, das mehrere Erklärungskomponenten beinhalten kann. Es setzt sich aus der Beurteilung der formalen Entscheidungsmöglichkeiten der CBZ-Leistung, der Finanzhoheit, der Unabhängigkeit von Personen (Entscheidungsfreiheit, Entscheidungsfreude, Konfliktbereitschaft) und der von den Schulen unabhängig verfügbaren CIM-Fachkompetenz, z.B. in Kernteams, im CIM-Bildungszentrum zusammen. Erklärungsbeiträge für den unterschiedlichen Leistungsstandard der Zentren liefern auch wichtige Faktoren aus dem Umfeld. Im Zuge der Analyse ermitteln die Evaluatoren vier Faktoren, die solche Umfeldbedingungen repräsentieren: die (potentielle) regionale Klientel (Umfang, Struktur, spezifische Probleme, Anteil KMU), die regionale Verankerung (mit Multiplikatoren in der CBZ-Region), die infrastrukturellen Ausgangsbedingungen, die Zieldivergenzen der an CBZ beteiligten Akteure.

Den regionalen *Wissens- und Technologietransfer aus Hochschulen* zu messen, bereitet ebenfalls Schwierigkeiten, weil die Förderzeiträume entsprechender Einrichtungen noch zu kurz sind, um eine wirkliche Bewertung zu gestatten, weil geeignete Indikatoren nur schwer zu finden bzw. die erforderlichen Daten nur mit großer Mühe zu gewinnen sind, und weil es noch an Bewertungsmaßstäben fehlt, die den Erfolg oder Mißerfolg der Transferförderung bestimmbar machen (vgl. Pfirrmann/Schroeder 1994). Ausgehend von dieser Feststellung werden in einer Arbeit über Forschung als regionalwirtschaftliches Potential auch methodische Fragen der Erfolgskontrolle universitären Wissenstransfers in die Region (Beispiel Aachener Region) behandelt (Frommhold-Eisebith 1992). Sie geht von zehn Wirkungswegen aus, um innovationsrelevantes Wissen aus den Hochschuleinrichtungen zu Anwendern in die Region zu bringen:

- Technologietransfer,
- Beratungs- und Gutachtertätigkeit,
- Nutzung der technischen Hochschulausstattung,
- Personaltransfer bzw. Transfer über "Köpfe",
- Spin-off-Firmengründungen,
- Anziehung/Anregung von FuE-orientierten Investitionen,
- wissenschaftsorientierte Berufsaus- und Weiter-Bildung,
- Informationsbereitstellung und Transfer,
- sonstige regionale Wohlfahrtseffekte von Hochschulen,
- forschungsbedingte Zulieferaufträge der Hochschule.

Als *Indikatoren* zur *Erfolgskontrolle regionalen Wissens- und Technologietransfers* aus Hochschulen werden folgende Gruppen genannt:

- das von der Hochschule repräsentierte Wirkungspotential,
- die Aufnahmefähigkeit der regionalen Wirtschaft für den Know-how-Transfer aus der lokalen Hochschule,
- die regionale Bedeutsamkeit der verschiedenen Formen des Wissens- und Technologietransfers aus den Hochschulen.

Diese Indikatorengruppen werden spezifiziert, im Hinblick auf ihre Belastbarkeit theoretisch diskutiert und deren praktische Anwendbarkeit anhand von Fallbeispielen geprüft.

Einen breiten Überblick über die Funktionsmechanismen sowie das Problemspektrum des Technologietransfers öffentlich geförderter FuE-Ergebnisse in der Bundesrepublik geben Bräunling/Maas (1989) ebenso wie ein Workshop "Technologietransfer aus Forschungseinrichtungen" im Rahmen der Augsburger Technologie-Gespräche (vgl. insbesondere die Beiträge Hertel 1990; Imbusch 1990; Wilms 1990; Wüst 1990; siehe auch Kuhlmann 1991).

Im Zuge des deutschen Vereinigungsprozesses entstanden in den neuen Bundesländern sogenannte *Forschungs-GmbHs*. Ihr institutioneller Ursprung waren ehemalige wissenschaftlich-technische Zentren, FuE-Institute oder FuE-Abteilungen der früheren Kombinate, Betriebe und Ministerien sowie wissenschaftliche Einrichtungen der ehemaligen Akademie der Wissenschaften. Für diese Forschungseinrichtungen wurden folgende Optionen ihrer Entwicklung angenommen: Forschungs-GmbHs als High-Tech-Produktionsunternehmen, als Anbieter von Dienstleistungen und als FuE-Einrichtungen mit breitem Angebot oder deren Reintegration in Unternehmen. Für die Treuhandanstalt entstand hierbei die Frage, welche Strategie sie im Zuge der Privatisierung solcher Forschungseinrichtungen im einzelnen verfolgen sollte; es wurden in diesem Zusammenhang spezifische Evaluationsverfahren und -kriterien erarbeitet. Das methodische Vorgehen bestand darin, zunächst eine Bestandsaufnahme des Angebots und Leistungsspektrums der Forschungs-GmbHs vorzunehmen, danach das Technologiefeld, in dem die Forschungseinrichtung tätig ist, sowie zukünftige Absatzchancen (Marktpotential) zu bewerten und schließlich die Chancen der Forschungs-GmbHs, an diesen Märkten zu partizipieren, zu bewerten. Die Technologiegebiete wurden u.a. beurteilt nach dem Innovationsgrad, der Marktattraktivität, der Reputation von den Fachbereichen, der Technikbeherrschung, der apparativen Ausstattung, Patenten, Lizenzvergaben. Die Bewertung von Forschungs-GmbHs war ein sensibles Arbeitsfeld und verlangte in hohem Maße, das ökonomische, soziale und politische Umfeld zu berücksichtigen (vgl. Fraunhofer-Institut 1992; Forschungsagentur 1992).

3.2.2   Evaluation der Engineering Research Centers in den USA

Die Idee, "Engineering Research Centers" (ERC) zu gründen, entstand in den frühen 80er Jahren als Reaktion auf die sinkende Wettbewerbsfähigkeit der USA. Diese Zentren wurden als ein bedeutender Beitrag zur Stimulierung der interdisziplinären Arbeit und der Kooperation zwischen Industrie und Universitäten angesehen; die Kultur der Ingenieurausbildung sollte verändert und die Anwendung universitätsbasierter Forschung vorangetrieben werden. Im konkreten verfolgen die Zentren folgende Ziele:

- Entwicklung von Grundlagenwissen auf Gebieten, die für die internationale Wettbewerbsfähigkeit der USA bedeutend sind;

- Zusammenstellung von Forschungsteams, die entsprechend ihrer technischen und wissenschaftlichen Fertigkeiten an interdisziplinären Projekten arbeiten und damit mehr den Forschungszielen des Zentrums dienen, als es bei individuellen Forschungsstipendien der Fall wäre;

- Bereitstellung experimenteller Ausrüstungen und Instrumente, die für die einzelnen Forscher zu teuer sind;

- Einbeziehung von Ingenieuren und Wissenschaftlern bei Veranstaltungen über aktuelle und künftige Bedürfnisse der Industrie;

- Entwicklung neuer Methoden des Wissenstransfers in die Industrie;

- Kodifizieren von neuem Wissen, das im Rahmen der Zentrumsforschung entwickelt wurde, und Bereitstellung beruflicher Weiterbildungsmaßnahmen für berufstätige Ingenieure;

- Einbeziehung von graduierten und nicht-graduierten Studenten in die Zentrumsforschung;

- Konfrontation der Studenten mit vielen Seiten des Ingenieurwesens und Betonung entsprechender Systemaspekte, so daß die ausgebildeten zukünftigen Ingenieure besser in der Lage sind, technische Systeme zu synthetisieren, zu integrieren und zu managen (Shapira 1990)

Das erste Zentrum wurde 1985 gegründet; inzwischen gibt es 25 Zentren. Sie werden zunächst für fünf Jahre finanziert; nach drei Jahren findet eine Evaluation statt. Eine weitere Fünfjahresfinanzierung kann sich anschließen; im sechsten Jahr des Bestehens des Zentrums erfolgt eine zweite Evaluation. Nach elf Jahren Förderung durch die National Science Foundation (NSF) sollen die Zentren sich selbst tragen.

Die durch die NSF (vgl. Averch 1991) im Zuge der Herausbildung und Etablierung der Engineering Research Centers vorgesehenen Evaluationen verlangten die Ausarbeitung spezifischer Evaluationskriterien und -methoden. Dabei stellte sich heraus, daß sie ganz anderen Ansprüchen genügen mußten, als die bisher angewandten Indikatoren und Verfahren zur Bewertung institutioneller Förderung. Insbesondere wäre zu beachten gewesen, daß diese Zentren interdisziplinär arbeiten, daß sie industriell orientiert sind und schließlich, daß sie auch einen Fokus in Richtung Forschung und Ausbildung besitzen. Es wird davon ausgegangen, daß die frühe Evaluation stärker von qualitativen (subjektiven) Maßstäben ausgehen muß als von quantitativen (objektiven). Schließlich wurde eine detaillierte Liste von Evaluationskriterien erarbeitet (vgl. *Tabelle 3.2.5*), die in sieben Gruppen eingeteilt sind:

- Forschung,
- Ausbildung,
- industrielle Kontakte,

- Zentrumsleitung und Management,
- institutionelles Umfeld und finanzieller Rahmen,
- Wechselwirkung mit der wissenschaftlichen Community,
- übergreifende Aspekte.

Dieses Herangehen, insbesondere die vorgenommene Gruppierung, kommt unseren Vorschlägen zur Evaluation wirtschaftsnaher Forschung sehr nahe (vgl. *Kapitel 4*).

Tab. 3.2.5: Kriterien für die Evaluation von Forschungszentren

1. Forschung

quantitativ	qualitativ

- Anzahl der Veröffentlichungen (Artikel, Bücher)
- Ausmaß der interdisziplinären Autorenschaft
- Anzahl der Patentanmeldungen
- Vorträge (Anzahl, Ort)
- vom Forschungszentrum initiierte Konferenzen und Präsentationen
- weltweite Zitierungen des Forschungszentrums
- multidisziplinäre Beteiligung an der Forschung
  - Anzahl der Fakultätsmitglieder von jeder Disziplin (Ingenieurwesen, Naturwissenschaften, andere)
  - gemeinsame Fakultätsstellen
  - sonstige Maßnahmen
- Anzahl assoziierter und Gastwissenschaftler
	- Wie wird die Qualität der Forschung generell eingeschätzt?
	- Spricht das Forschungszentrum Problemfelder (Barrieren) seines Forschungbereiches an?
	- Wie stark ist die Grundlagenforschung vertreten?
	- Leistet das Forschungszentrum einen nennenswerten Beitrag zur Integration der Wissenschaft mit der fraglichen Technologie?
	- Wie hoch ist das Technologie-Risiko (Erfolgswahrscheinlichkeit) bei den Zentrumsprojekten?
	- Gibt es Anhaltspunkte für große Fortschritte in den Forschungsbereichen?
	- Trägt die Forschung zur Erweiterung des Grundlagenwissens bei?
	- Entspricht die Forschung den Bedürfnissen und der Wettbewerbsfähigkeit der Industrie?
	- Eröffnet die Forschung neue Wettbewerbsmöglichkeiten?
	- Wie ist das Verhältnis der langfristigen zu den kurzfristigen Projekten?
	- Gibt es Anhaltspunkte für internationales Interesse und Beteiligung?
	- Ist die Forschung wirklich interdisziplinär?
	- Sind die zu behandelnden Probleme schwierig und/oder groß genug, um ein kollaboratives Teamwork zu rechtfertigen?
	- Wird mehr erreicht durch gemeinsames Vorgehen als durch individuelle Forschung?
	- Haben die interdisziplinären Gruppen zufriedenstellend funktioniert (Forschungsergebnisse, Erreichung der Zentrumsziele)?
	- Hat das Zentrum eine Vielzahl von Forschungsansätzen unterstützt?
	- Wie sind die Projekte konzipiert? Gibt es "Inputs" aus verschiedenen Quellen - Fakultät, Industrie, Studenten, andere?
	- Hat das Zentrum hochqualifizierte Wissenschaftler (auch Gäste) für sein Forschungsprogramm von Anbeginn an gewinnen können?

	- Sind "Spinoffs" für Unternehmen von der Zentrumsforschung ersichtbar? - Sind Ausstattung und Einrichtungen hochwertig und für Wissenschaftler und Studenten leicht zugänglich? - Sind technische Austattung und Instandhaltungsmaßnahmen adäquat? - Sind die Forschungsprogramme anderer Universitäten gut koordiniert (falls relevant)? - Ist die Industrierelevanz ein offenes und durchgängiges Thema? - Unterstreicht die Forschung die Synthese und Integration von Ingenieursystemen? Gibt es Zukunftsperspektiven?

2. Bildung

quantitativ	qualitativ
- Anzahl der Studenten mit bzw. ohne Diplom, die in dem Forschungszentrum pro Jahr beschäftigt sind - Angebot an speziellen Programmen für Akademiker und/oder erteilte Diplome (pro Jahr) - Anzahl neuer Kurse zur Unterstützung des Zentrums - Anzahl der erstellten Bücher, Videokassetten oder sonstigem Ausbildungsmaterial zur weiteren Verteilung - Anzahl der Seminare und Workshops zu interdisziplinären Themen - Anzahl der Fortbildungskurse und Teilnehmer (in Zeitstunden oder Unterrichtseinheiten) - Umfang der Lehrverpflichtungen - Haben die Studenten die Möglichkeit, in ihrem Gebiet zu experimentieren (Angabe in Anzahl pro Stunde/Student)? - Anzahl der Stellenangebote der Industrie pro Graduierten und durchschnittliches Anfangsgehalt verglichen mit dem Durchschnitt anderer Institute	- Hat das Zentrum wesentliche Fortschritte bei der Kodifizierung neuer Kenntnisse erzielt? - Wie qualifiziert sind die graduierten Studenten (im nationalen Vergleich)? - Sind die Graduierten des Zentrums seitens der Industrie gefragt? - Werden die Studenten mit dem interdisziplinären Aspekt der Projekte vertraut oder bleiben sie bei ihrem Spezialgebiet? - Wird die Synthese und Integration von Ingenieursystemen gefördert? - Wird die Teamarbeit in der Ingenieurpraxis unterstützt? - Wird Wert auf das Management von Ingenieursystemen gelegt? - Wird die Relevanz von industriellen Erfordernissen für die Forschung unterstrichen? - Bekommen die Studenten ein Gefühl für Marktbedürfnisse (auch zukünftige)? - Wie bewerten Studenten die Qualität ihrer Ausbildung durch das Zentrum (Forschung und Lehre)? - Versucht das Zentrum den interdisziplinären systemorientierten Ansatz an technische und wissenschaftliche Abteilungen *(Fakultäten)* der Universität und an Studenten weiterzuvermitteln?

3. Industrielle Interaktion

quantitativ	qualitativ
- Anzahl der Besuche von Industrievertretern (pro Jahr) - Anzahl der Zentrumsmitarbeiter, die die Industrie pro Jahr aufsuchen - Anzahl (und Prozentsatz) der industriellen Teilnehmer an Forschungsaktivitäten (pro Jahr) - Anzahl der Betriebe im Beirat - Anzahl der Unternehmen, die seit Etablierung der ERC als Sponsoren gewonnen wurden (in Prozent von gesamt) - Anzahl der Betriebe, die vom Forschungszentrum regelmäßig Informationen über Aktivitäten und Forschungsergebnisse bekommen - Formale Vorgehensweise für den rechtzeitigen Transfer der Forschungsergebnisse in die Industrie	- Haben industrielle Organisationen großen Einfluß (z.B. durch Beratung und Kritik) auf Programme, Pläne und Zielrichtung des Zentrums? - Ist die Zusammenarbeit mit der Industrie effektiv und gut auf administrativer Ebene koordiniert; finden routinemässig Industriekontakte auf Arbeitsebene statt? - Wie wird der Interaktionsprozeß beurteilt? - Erweitert das Forschungszentrum verstärkt seine Industriebeziehungen? Wurde eine große Anzahl neuer Förderquellen gewonnen? - Werden Forschungsergebnisse effizient an die Industrie weitergeleitet? Sind die Transfermethoden sinnvoll? - Sind die Ressourcen des Forschungszentrums auch für kleine und mittlere Unternehmen zugänglich? Werden solche Firmen im Beirat repräsentiert? - Ist ein erkennbarer Effekt auf die wirtschaftliche Stärke der assoziierten Industrie zu beobachten?

quantitativ	qualitativ
- unmittelbarer Beitrag der Industrie zu den Forschungsaktivitäten des Instituts o (Geld (Mitgliedschaft, Lizenzen, Unteraufträge, Schenkungen, etc.) o Ausstattung (Art, Marktwert) - Anzahl der begleitenden Forscher aus der Industrie - Jährliche Einkünfte der Mitgliedsbetriebe (Durchschnitt und Rang) - Anzahl der Beschäftigten der Mitgliedsbetriebe (Durchschnitt und Rang) - Anzahl der gemeinsamen Entwicklungsprojekte, Prototypen usw.	- Was haben die Unternehmen (ihrer Meinung nach) durch ihre Beteiligung an den Programmen des Forschungszentrums gewonnen? - Haben die Unternehmen durch den Kontakt zu dem Forschungszentrum ihr Verhalten geändert, z.B. bezügl. Interaktion mit Fakultäten, Schenkungen, kontinuierlicher Weiterbildung, Verbindungen zu anderen Unternehmen innerhalb von Netzwerken? - Bietet das Forschungszentrum aus Sicht der Industrie einen effektiven Weg zur Realisierung der NSF-Programmziele?

4. Führung und Management des Forschungszentrums

quantitativ	qualitativ
- Organisationsschema - Budgetzahlen - Zugewinne gegenüber Verlust (Umsatzmaß)	- Ist die Organisationsstruktur logisch und eindeutig mit klaren Machtbefugnissen und Zuständigkeiten? - Ist die Führung des Forschungszentrums durch den Direktor effektiv? - Hängt die Führung des Forschungszentrums im wesentlichen von einer Person ab und gibt es zumindest einen Stellvertreter? - Ist die Durchführung des Forschungsprogramms reibungslos? Gibt es ernsthafte Konflikte hinsichtlich Zeitplanung und Interessen? - Trägt der Führungsstil zu einer kollaborativen und multidisziplinären Forschung bei? - Arbeiten Zentrumsleiter und -mitglieder effektiv mit der Industrie zusammen? - Hat das Zentrum in personeller und organisatorischer Hinsicht eine fähige Verwaltung? - Setzen sich die Wissenschaftler für das Forschungszentrum und sein Management voll ein? - Wie werden die finanziellen Mittel verteilt? Wer trifft die diesbezüglichen Entscheidungen? - Hat das Forschungszentrum neue Finanzierungsquellen erschlossen (abgesehen von Industrie und NSF)? - Falls es eine angegliederte Universität gibt: Ist die Zusammenarbeit von wesentlichem Umfang und wird sie gut organisiert? - Besitzt das Forschungszentrum selbst die Fähigkeit Zielvorgaben zu setzen und ihre Erfüllung zu kontrollieren? - Wird ein "Angriffsplan" für das Zentrum erstellt und gelegentlich überarbeitet?

5. Institutionelle Umwelt und Träger

quantitativ	qualitativ
Zu ermitteln sind: - ein Gesamt-Organisationsschema der Universität incl. Forschungszentrum - Daten über die institutionelle Finanzierung der Forschungsgebäude und -einrichtungen - Anzahl von Beförderungen und Festanstellungen des Zentrumspersonals	- Ist das Zentrum gut in die organisatorische Strukur der Institution integriert? Wer ist Vorgesetzter des Institutsleiters? - Welche Verantwortung trägt der Zentrumsdirektor hinsichtlich Leitungsaufgaben? Ist er beteiligt an Entscheidungen über Festanstellung, Beförderung und Bezahlung? - Hat der Zentrumsleiter ausreichende Machtbefugnisse, sich durchzusetzen? - Hat die Existenz des Forschungszentrums die "Alma Mater" oder ihre Politik in irgendeiner Weise verändert?

	- Hat das Forschungszentrum den Ruf der Universität bezüglich Lehre und Forschung positiv verändert (aus Sicht anderer Universitäten oder der Industrie)? - Gibt es ein hohes Maß an Interaktion mit anderen Teilen der Universität (Schulen, Kollegs)? - Wie beurteilen die Entscheidungsträger der Institution die Arbeitsweise und Qualität der Zentrumsmitarbeiter? - Bringt die Mitarbeit am Forschungszentrum einen Wissenschaftler in Konflikt mit der Besoldungsstruktur der übergeordneten Institution? - Hat die Institution irgendwelche langfristigen Entscheidungen hinsichtlich des Weiterbestehens des Forschungszentrums getroffen?

6. Bedeutende Interaktionen mit Forschungsgemeinschaften

quantitativ	qualitativ
- Mechanismen für den Transfer von Forschungsergebnissen an andere Forschungszentren, Universitäten, staatliche Laboratorien - Anzahl der Treffen der Institutsleitung mit anderen Leitern - Anzahl der Besucher von anderen Forschungszentren und Universitäten - Beweise für die Beteiligung und Interaktion mit staatlichen und lokalen Einrichtungen und staatlichen Labors - Anzahl der Projekte, die gemeinsam mit anderen Forschungszentren durchgeführt wurden	- Ist das Forschungszentrum verpflichtet, die Wirkung seiner Aktivitäten und seiner Philosophie in der akademischen Welt zu maximieren? - Unterhält das Forschungszentrum enge Verbindungen zu anderen ERC´s und Forschungszentren? - Bemüht sich das Zentrum in seinen Interessenfeldern national und international den Stand der Entwicklung zu beobachten?

7. Allgemeine Betrachtungen

- Wie gut trifft das Forschungszentrum die Zielsetzung des NSF?
- Zeigt das Zentrum eine hervorragende Leistung in Forschung und Lehre?
- Wie gewichtig ist das Institut als Organisation?
- Hat das Forschungszentrum einen positiven Einfluß auf die akademische Ingenieurkultur sowie auf die Wettbewerbsaussichten der assoziierten Industrie?
- Erreicht das Zentrum seine eigenen Ziele wie im ursprünglichen NSF-Entwicklungsplan vorgesehen?
- Sieht das Forschungszentrum ein großes Potential zur kontinuierlichen Steigerung seiner Qualität?
- Wird das Zentrum von Fakultät, Studenten, Verwaltung und assoziierten Unternehmen generell als dynamische produktive Einrichtung angesehen, die eine Verbindung zwischen akademischen und industriellen Bedürfnissen herstellt?

Quelle: nach Roessner / Melkers 1994 (ISI-Übersetzung)

3.2.3 Ausgewählte Evaluationsansätze wirtschaftsnaher Forschungseinrichtungen verschiedener Länder

Auf internationaler Ebene scheinen die Aktivitäten zur Analyse und Bewertung wirtschaftsnaher Forschung theoretisch fundierter und praktisch zielführender zu sein. Der soeben diskutierte Evaluationsansatz zur Erfolgskontrolle der "Engineering Research Centers" in den USA ist nur ein Beispiel (vgl. auch Dodgson 1993; Dalpé/Gauthier 1993; Callon/Laredo u.a. 1992; Tassey 1992; Ringe 1991; Freeman 1987).

Das MONITOR/SPEAR-Programm der Europäischen Union sollte dazu beitragen, die Methodologien zur Evaluation von Forschungs- und Technologieförderung weiterzuentwickeln. In diesem Zusammenhang fand im März 1992 ein Internationaler Workshop zur *Evaluation* von *Science Parks* statt (Kommission der Europäischen Gemeinschaften 1992).

Bei diesem Workshop wurde die Ansicht vertreten, daß die Evaluation von Science Parks vor allem mit Hilfe eines Kontrollgruppenkonzeptes erfolgen sollte. Es wurde gefragt und diskutiert, anhand welcher Faktoren die Wirkungen von Science Parks in Regionen adäquat gemessen werden können. Ansatzpunkte für das weitere methodische Vorgehen werden hierbei u.a. gesehen in

- der Erfassung von Multiplikatoren-Effekte, die von Science Parks ausgehen;
- der Ermittlung ökonomischer Wirkungen ausgehend von der Agglomeration (z.B. Messung sogenannter Synergie-Effekte);
- der Ausarbeitung regionaler "Modelle", die in der Lage sind, das Potential für die Entwicklung einer Region - ausgehend von der Funktionsweise solcher Science Parks - aufzuzeigen.

Es kristallisierten sich folgende Schlüsselindikatoren zur Bewertung von Science Parks heraus (vgl. insbesondere Bruhat 1992; Dietrich 1992; Hodgson 1992; Luger 1992; Martinazzo 1992; Rodrigues 1992):

- Flächen,
- Gebäude,
- Einrichtungen nach dem Typ ihrer Nutzung z.B. als "Inkubator", zum Training,
- eingemietete Unternehmen nach dem Typ ihrer Aktivitäten und Typ des Spin off (z.B. lokal, privat oder halböffentlich, multinational),
- Anzahl der Beschäftigten und Auszubildenden nach Typ,
- Investitionen,
- Patente und Lizenzen,
- Ausgaben, (darunter für FuE) und Finanzierungsquellen,
- regionale (und nationale) Hauptindikatoren.

Insgesamt reflektierte die Veranstaltung, daß die methodisch-konzeptionellen Diskussionen im Themenfeld der Evaluation von Technologie- und Gründerzentren noch längst nicht abgeschlossen sind.

Im Rahmen der Europäischen Union wird die Bezeichnung *Research and Technology Organisations* (RTO) als Sammelbegriff für Einrichtungen verwendet, die sowohl Grundlagen- und angewandte Forschung durchführen als auch technologische Dienstleistungen (z.B. Beratungen, Informationsbereitstellung, Zertifizierungen) anbieten.

RTOs spielen eine Schlüsselfunktion bei der Unterstützung der technologischen Entwicklung in der europäischen Industrie, generell und beim technologischen Aufschwung weniger entwickelter europäischer Regionen. Angesichts des technologischen Wandels, zunehmenden Wettbewerbs und veränderter nationaler FuE-Politiken (Kürzung öffentlicher Mittel) wurde im Rahmen des Programms SPRINT der Europäischen Union im November 1993 eine Konferenz über die Zukunft der Research Technology Organisations durchgeführt. Ein Diskussionsschwerpunkt war die Evaluation von RTOs (vgl. Kommission der Europäischen Gemeinschaften 1993).

Im Kontext unserer Studie ist der Beitrag von Schotte (1993) über Leistungskriterien der RTOs sehr hilfreich. Er geht davon aus, daß Leistungskriterien mit dem Ziel und der Strategie der RTOs in Beziehung gesetzt, daß dabei Input- und Output-Größen erfaßt und interne und externe Messungen durchgeführt werden müssen. Er schlägt vor, im ersten Schritt Ziel und Strategie der RTOs in kritische Erfolgsfaktoren zu transformieren (in "Critical Success Factors" = CSFs) und im zweiten Schritt Schlüsselleistungskriterien ("Key Performance Indicators" = KPIs) zu definieren, die geeignet sind, die Realisierung von Erfolgsfaktoren zu messen (vgl. *Abbildung 3.2.1*). Die Schritte können auf verschiedenen Niveaustufen, bezogen auf verschiedene Aufgabenfelder, vollzogen werden.

Um eine Liste von Erfolgsfaktoren und Leistungskriterien zu erhalten, geht Schotte von vier (sich überlappenden) Betrachtungsstandpunkten aus (vgl. *Abbildung 3.2.2*): von der finanziellen Perspektive: was ist unsere finanzielle Leistung; wie wirken wir auf die Betreiber der Organisation; von der Kundenperspektive: wie wird die Organisation von den (aktuellen und potentiellen) Kunden wahrgenommen; von der internen Perspektive: wo müssen wir uns besonders auszeichnen; von der Innovations- und Lernperspektive: können wir uns steigern und Wert schaffen?"

Diese Perspektiven unterlegt Schotte mit einer Reihe konkreter Erfolgsfaktoren und entsprechenden Leistungskriterien; letztere betrachtet er als Teil des Managementsystems.

Beachtung verdient auch eine kleine Studie zur *Evaluation industrieller Forschung der "Commonwealth Scientific and Industrial Research Organisation" (CSIRO) Australiens* (BIE 1992). Die Evaluation basiert auf einer Reihe von Indikatoren, die bereits zu einem früheren Zeitpunkt erarbeitet wurden (vgl. BIE 1990). Sie sind einschließlich entsprechender Evaluationsmethoden in der *Tabelle 3.2.6* zusammengestellt. Die Bewertungskriterien werden in der Studie auf konkrete Untersuchungsfälle angewandt und ausführlich diskutiert.

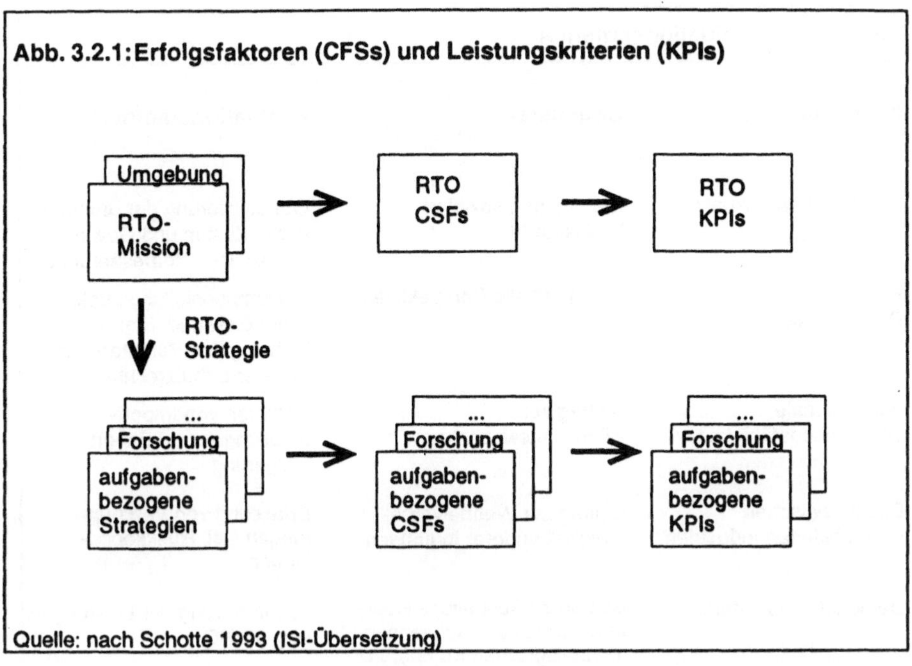

Quelle: nach Schotte 1993 (ISI-Übersetzung)

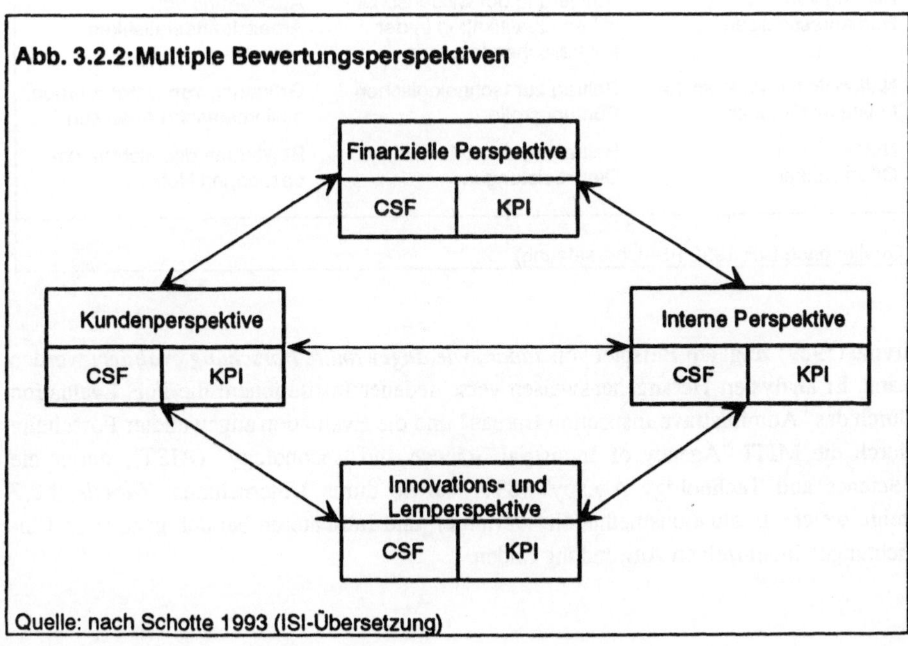

Quelle: nach Schotte 1993 (ISI-Übersetzung)

Tab. 3.2.6:   Evaluationskriterien

Kriterium	Gegenstand	Evaluationsmethode
Kosten-/Nutzen Analyse	Beitrag zum sozialen Wohlstand	Quantifizierung der unmittelbaren Kosten und Gewinne und sozialer Verbesserungen
Kommerzielle Durchführbarkeit	Kommerzielle Perspektiven	Zusammenstellung zusätzlicher Gewinne; Stand der Nutzung von Patenten und anderer Schutzrechte
Internationale Wettbewerbsfähigkeit	Beitrag zum Wirtschaftswachstum	Volumen von Importablösungen und Exportsteigerung
Effekte zwischen verschiedenen Industrien	Beitrag zur Wettbewerbsfähigkeit anderer Industrien	Erfassung von Verknüpfungen incl. Rückkoppelungen
Demonstrative Effekte	Beitrag zu Australiens Reputation bzw. zur wachsenden technologischen Kompetenz	Identifizierung der Leistungen von CSIRO
Bildung von Humanressourcen	Steigerung der wissenschaftlichen Qualifikation in der australischen Industrie	Auswertung von Arbeitskräftestatistiken
Nationale technologische Leistungsfähigkeit	Beitrag zur technologischen Führungsrolle	Gründung von Unternehmen; bibliometrische Analysen
Nutzen für die Öffentlichkeit	Beitrag zu den öffentlichen Dienstleistungen	Bewertung des nichtmarktbezogenen Nutzen

Quelle: nach BIE 1992 (ISI-Übersetzung)

Irvine (1989) zeigt am Beispiel von *Japan, wie angewandte Forschung evaluiert* werden kann. Er analysiert Herangehensweisen verschiedener Institutionen: die FuE Evaluation durch das "Administrave Inspection Bureau" und die Evaluation angewandter Forschung durch die MITI "Agency of Industrial Science and Technology" (AIST), durch die "Science and Technology Agency" (STA) sowie durch Unternehmen. *Tabelle 3.2.7* zeigt, welche Evaluationsmethoden, -verfahren und Indikatoren bei den genannten Einrichtungen im einzelnen Anwendung finden.

Tab. 3.2.7: Methoden und Techniken zur Evaluation von angewandter Forschung in Japan

Spaltengruppen: **Ex-ante Studien** (Voraussichtlich technisch-ökonomische Auswirkung) · **Ex-post Studien** (Technisch-ökonomische Auswirkung) · **Quantitative Indikatoren** (Kosten-Nutzen Analyse; Publikationen; Zitierungen oder bibliometrische Analysen; Patente; Technologie-Verkäufe oder -Lizenzgebühren; Sonstige Wirkungsindikatoren) · **Internes Peer-Review** (Projektvorschlag oder -fortführung; Halbzeit; Ex post) · **Externes Peer-Review** (Projektvorschlag oder -fortführung; Halbzeit; Ex post) · **Formelle Ausschußprüfung** (Halbzeit; Ex post) · **Personalprüfung** (Bewertung d. Forschung oder Evaluation) · **Kunden oder Benutzerprüfung** (Ex ante; Ex post) · **Sonstige** (Formelle Management-systeme; Prüfung von FuE durch die Zentralregierung)

Teil 1 — Ex-ante/Ex-post Studien, Quantitative Indikatoren, Internes Peer-Review:

Organisation	Voraussichtlich techn.-ökon. Auswirkung	Techn.-ökon. Auswirkung	Kosten-Nutzen Analyse	Publikationen	Zitierungen/bibliometr. Analysen	Patente	Technologie-Verkäufe/-Lizenzgebühren	Sonstige Wirkungsindikatoren	Projektvorschlag/-fortführung (int.)	Halbzeit (int.)	Ex post (int.)
1. Administrative Inspection Bureau		X		X		X	X	X			
2. Agency of Industrial Science and Technology											
Basistechnologien f. Zukunftsindustrien – Programmen	X		X		X						
Großangelegtes FuE-Programm	X	X	X		X	X					
AIST Labors	X		X		X	X	X	X			
3. Science and Technology Agency											
Sondermittel für Koordinierungszwecke	X		X		X						
Grundlagenforschung für führende Technologien	X		X	X	X	X					
STA Labors	X		X		X	X	X	X			
Spezielle Körperschaft (RIKEN)	X		X		X	X	X	X			
4. Unternehmen	X	X	X	X		X	X	X			

Teil 2 — Externes Peer-Review, Formelle Ausschußprüfung, Personalprüfung, Kunden oder Benutzerprüfung, Sonstige:

Organisation	Projektvorschlag/-fortführung (ext.)	Halbzeit (ext.)	Ex post (ext.)	Halbzeit (Ausschuß)	Ex post (Ausschuß)	Bewertung d. Forschung oder Evaluation	Ex ante (Kunden)	Ex post (Kunden)	Formelle Management-systeme	Prüfung von FuE durch die Zentralregierung
1. Administrative Inspection Bureau			X				X	X		X
2. Agency of Industrial Science and Technology										
Basistechnologien f. Zukunftsindustrien – Programmen			X	X	X		X		X	
Großangelegtes FuE-Programm				X	X		X		X	
AIST Labors						X			X	
3. Science and Technology Agency										
Sondermittel für Koordinierungszwecke				X	X		X		X	
Grundlagenforschung für führende Technologien										
STA Labors							X		X	
Spezielle Körperschaft (RIKEN)				X			X	X		X
4. Unternehmen				X	X	X	X	X	X	

Quelle: nach Irvine 1989 (ISI-Übersetzung)

3.3 Resümee: Generelle Schlußfolgerungen für die Evaluation wirtschaftsnaher Forschungseinrichtungen

Aus dem Studium der Literatur ergeben sich folgende generelle Schlußfolgerungen für die Erfolgskontrolle wirtschaftsnaher Forschungseinrichtungen:

● Die Weiterentwicklung der Evaluation institutioneller Fördermaßnahmen, insbesondere für wirtschaftsnahe Forschungseinrichtungen, verlangt die Entwicklung und Erprobung neuer *Evaluationsmethoden*, -instrumente und -indikatoren, die auch geeignet sind, *Schnittstellen* sowie Überlappungen zur *Projektförderung* zu analysieren und zu bewerten (siehe *Abschnitt 3.1.1*).

● Vor der Bewertung wirtschaftsnaher Forschungseinrichtungen ist die *Meßbarkeit* ihrer Leistungen prinzipiell zu *klären*. Es ist die Frage zu beantworten, durch wen gewertet werden soll (extern, intern), wie gewertet werden kann (quantitativ, qualitativ), was zu messen wäre (input-, throughput-, output-Indikatoren), auf welchem Aggregationsniveau die Kriterien Anwendung finden sollen (Individuum, Team, Institution, Nation)?

Aus Evaluationserfahrungen im Bereich institutioneller Förderung der Wissenschaft folgt die Favorisierung eines *Indikatorenmix* (qualitativ, quantitativ; input, throughput, output) sowie *externer und interner Evaluationsverfahren* auf verschiedenen Aggregationsebenen (siehe *Abschnitt 3.1.2*).

● Die Literaturstudie stellt verschiedene, aus unserer Sicht interessante Indikatorensysteme und Evaluationsverfahren vor; sie sind - in verschiedener Ausprägung - Beispiele für ein *mehrdimensionales Herangehen an die Evaluation wirtschaftsnaher Forschung* in der Gegenwart (siehe *Abschnitte 3.2.2, 3.2.3*), Dennoch, auch das wurde deutlich, gibt es keine allgemein akzeptierten, präzisen Bewertungsverfahren und Indikatorensysteme für wirtschaftsnahe Forschungseinrichtungen.

● Die Evaluationsaktivitäten des Wissenschaftsrates machen deutlich, daß die Identifikation der *Ziele* von Instituten und die Bestimmung ihrer *Erfolgsfaktoren* eine Voraussetzung für die Festlegung von *Leistungskriterien* wissenschaftlicher Einrichtungen sind (siehe *Abschnitt 3.1.3*). Auch Schotte (1993) schlägt im Zusammenhang mit der Evaluation von Research Technology Organisations (RTO) vor, Leistungskriterien über Erfolgsfaktoren zu ermitteln und als Instrument des Managements zu entwickeln.

● Das skizzierte Vorgehen des Wissenschaftsrates bei der Evaluation außeruniversitärer Forschungseinrichtungen der Neuen Bundesländer zeigte, daß die Evaluation institutioneller Fördermaßnahmen ökonomisch, politisch, sozial hoch sensibel ist und daher *ausgewogene, aus verschiedenen Blickwinkeln geprüfte* (z.B. über interdisziplinäre, interinstitutionelle Evaluationsteams) *Evaluationsergebnisse* vorgelegt werden müssen. Es werden also auf dem Gebiet der Erfolgskontrolle von Instituten besonders große Anforderungen (und Erwartungen) an Evaluationsmethoden, -instrumente und -indikatoren gestellt (siehe *Abschnitt 3.1.3*).

Eine gleiche Feststellung ergibt sich aus der Bewertung der Forschungs-GmbHs und der Evaluation der Tätigkeit der industriellen Gemeinschaftsforschung (siehe *Abschnitt 3.2.1*). Verstärkte *öffentliche Diskussionen* und *externe Evaluationsstudien* können ebenfalls helfen, dem Anforderungs- und Erwartungsdruck nachzukommen.

- Eine Übereinstimmung aller betrachteten Evaluationsansätze besteht dahingehend, daß die Erfolgskontrolle wirtschaftsnaher Forschungsinstitute nur unter Einschluß der Analyse und Bewertung ihres *Umfeldes* adäquat erfolgen kann. Unter anderem wird unterschieden zwischen strukturellen Erfolgsfaktoren und Umfeldfaktoren (siehe *Abschnitt 3.2.1*, insbesondere die Ausführungen zur *Evaluation* technologieorientierter Länderprogramme, Evaluation der Förderung von FuE-Kooperationen kleiner und mittlerer Unternehmen, Evaluation von Technologie- und Gründerzentren, Technologie- und Gründerzentren sowie Technologietransferstellen).

- Ein spezifisches Problem der Bewertung institutioneller Förderung besteht darin, daß eine umfassende (gerechte) Evaluation nur bezogen auf einen *längeren Beobachtungszeitraum* erfolgen kann. Diesen zu erfassen, ist bei älteren Instituten prinzipiell kein Problem, benötigt aber einen hohen Zeitaufwand für die Durchführung der Untersuchung (z.B. zur Analyse von 10-Jahresreihen verschiedener Kennziffern). Die Bewertung jüngerer Institute ist oft nur fragmentarisch möglich, weil verschiedene Evaluationsindikatoren (aufgrund des Entwicklungsstadiums der Einrichtung) noch gar nicht anwendbar sind. Einen Ausweg aus diesem Dilemma bieten *begleitende Evaluationen* über einen längeren Zeitraum (siehe *Abschnitt 3.2.1*, insbesondere die Ausführungen zur Bewertung von Technologie- und Gründerzentren, Transferstellen, CIM-Bildungszentren).

4. Erfolgsfaktoren und Leistungskriterien für die wirtschaftsnahe Forschung

In diesem Kapitel werden "Erfolgsfaktoren" und "Leistungskriterien" für Institute der wirtschaftsnahen Forschung vorgeschlagen (in Baden-Württemberg: Vertragsforschungseinrichtungen an Universitäten; Institute der industriellen Gemeinschaftsforschung; Institute der Fraunhofer-Gesellschaft; Großforschungseinrichtungen; Steinbeis-Stiftung für Wirtschaftsförderung).

Die hier empfohlenen Faktoren und Kriterien beruhen auf einer gründlichen und kritischen Sichtung der nationalen und internationalen Fachliteratur zu den Aufgaben und Leistungsmerkmalen der wirtschaftsnahen Forschung (siehe *Kapitel 2*) und der Literatur zu Kriterien und Verfahren der Bewertung (Evaluation) von staatlich geförderten Einrichtungen auf diesem Gebiet (siehe *Kapitel 3*). Berücksichtigung fanden auch die Leitlinien der Technologie- und Innovationspolitik des Landes Baden-Württemberg hinsichtlich der Aufgaben und Leistungen der wirtschaftsnahen Forschung. Die vorgeschlagenen Faktoren und Kriterien wurden von den Autoren in Kooperation mit zwei Einrichtungen der wirtschaftsnahen Forschung in Baden-Württemberg entwickelt (einem Institut der industriellen Gemeinschaftsforschung und einem Vertragsforschungsinstitut an einer Universität).

Um eine einzelfall- und kontextgerechte Erfolgskontrolle von Einrichtungen der wirtschaftsnahen Forschung, die sehr unterschiedliche Aufgaben wahrnehmen und unter verschiedenartigen institutionellen Rahmenbedingungen arbeiten, zu ermöglichen, werden hier bewußt Erfolgsfaktoren und Leistungskriterien unterschieden; außerdem sind sie einzelfallgerecht (variierende Relevanz der Faktoren und Kriterien) zu gewichten.

4.1 Erfolgsfaktoren der wirtschaftsnahen Forschung

Erfolgsfaktoren im hier verwendeten Sinne beschreiben die wichtigsten *Voraussetzungen für eine erfolgreiche* Erfüllung der Aufgaben von Einrichtungen der wirtschaftsnahen Forschung. Sie sollen also nicht die tatsächlichen Leistungen des Instituts bewerten, sondern sind ein Hilfsmittel zur Analyse des aktuellen oder künftigen Potentials eines Instituts im Hinblick auf seinen Beitrag zur Förderung der Innovationsfähigkeit betroffener Branchen und Unternehmen.

Der im folgenden vorgestellte Satz von neun Erfolgsfaktoren (vgl. *Abbildung 4.1.1*) will den spezifischen Anforderungen an die Vermittlungsleistungen an der Schnittstelle von Wissenschaft und Wirtschaft Rechnung tragen. Die gewählte Mischung von Faktoren unterscheidet sich daher von üblichen Erfolgsfaktoren wissenschaftlicher Einrichtungen einerseits und industrieller Forschungslaboratorien andererseits - nimmt gleichwohl wichtige Elemente solcher Anforderungen auf.

In den folgenden *Abschnitten 4.1.1* bis *4.1.9* werden die Erfolgsfaktoren im einzelnen vorgestellt. Jeder Erfolgsfaktor setzt sich aus mehreren *Elementen* zusammen, die im einzelnen erläutert werden. Für jedes Element wird eine Reihe quantitativer und/oder qualitativer *Indikatoren* vorgeschlagen; die Indikatorenvorschläge dienen hier vor allem der Illustration; es soll nicht der Eindruck entstehen, daß der jeweils angegebene Indikator der einzige oder der entscheidende Maßstab für den jeweils diskutierten Kompetenzausschnitt eines Instituts bedeutet. Darüber hinaus wird jedes diskutierte Element einer *relativen Gewichtung* unterworfen, die hier lediglich als grobe Orientierung zu verstehen ist und im einzelnen Anwendungsfall vor dem Hintergrund der spezifischen Aufgaben eines zu untersuchenden Instituts anzupassen ist.

4.1.1 Erfolgsfaktor 1: Strategische Orientierung

Wirtschaft, Wissenschaft und Technologie sind ständigem Wandel unterworfen; dieser entfaltet sich nicht linear, sondern dynamisch. Einrichtungen der wirtschaftsnahen Forschung müssen ihr Leistungsangebot zur Stärkung der Innovationsfähigkeit der Wirtschaft an diese Entwicklungsmuster rechtzeitig anpassen. Da marktwirksame Innovationen einen mehrjährigen Vorlauf von Ideenfindung, Forschung und Entwicklung haben, reicht es nicht, wenn ein Institut sein Leistungsangebot simultan mit gewandelten Märkten und Technologien weiterentwickelt: Das Institut muß strategisch vorausplanen, um zum richtigen Zeitpunkt qualitativ hochwertige neuartige Leistungen anbieten zu können. Angesichts ständig verkürzter Produktlebenszyklen einerseits und verlängerter Forschungs- und Entwicklungszeiten andererseits avanciert die fundierte strategische Orientierung eines Instituts der wirtschaftsnahen Forschung zu einem zentralen Erfolgsfaktor (vgl. *Tabelle 4.1.1*). Ein wichtiges Element dieser Langfristorientierung ist die *strategische Geschäftsfeldplanung*: Das Institut muß alle relevanten Markt- und Technologieentwicklungen systematisch beobachten; dies gilt nicht nur für die Märkte und die Technologien, in denen das Institut heute tätig ist, sondern auch für jene, in denen es zukünftig tätig werden kann oder muß, und auch für solche, deren Entwicklung direkte oder indirekte verändernde Wirkungen auf die eigenen Tätigkeitsfelder nehmen können (etwa Substitution heute verbreiteter Produkte oder Verfahren durch völlig andersartige Technologien und/oder neue, aggressive Anbieter; Beispiel: Konkurrenzverhältnis von mechanischen und digitalen Uhren); im Idealfall betreibt das Institut ein "prospektives Marketing" neuartiger technologischer Problemlösungsperspektiven. Um die möglichen Pfade der Technologie- und Marktentwicklungen intelligent erfassen zu können, müssen auch die Einflüsse globaler, sozialer, politischer und ökologischer Trends im Auge behalten werden; es ist bekannt und oft belegt, daß ein Denken in rein technologischer oder rein kaufmännischer Perspektive zu drastischen Fehleinschätzungen technisch-ökonomischer Entwicklungen führen kann.

Die moderne Managementlehre bietet eine Reihe von Verfahren und Instrumenten für die strategische Geschäftsfeldplanung. Ein erster, aber keinesfalls ausreichender Indikator dafür, ob und in welcher Qualität ein Institut strategische Geschäftsfeldplanung betreibt, ist der Nachweis der Nutzung solcher Instrumente und die Existenz entsprechender Dokumentationen und Analysen. Wichtiger als dies aber ist die Denkweise und strategische Sensibilität der Institutsleitung, für die es keine "harten" Indikatoren gibt. Die strategische Beobachtung der Markt- und der Technologieentwicklungen und die entsprechende Planung der Geschäftsfelder des Institutes sind ein unerläßliches Element, die Beobachtung globaler, sozialer, politischer und ökologischer Trends ein wichtiges Element des Erfolgsfaktors "strategische Orientierung".

Tab. 4.1.1:   Erfolgsfaktor 1: Strategische Orientierung

Element	Indikator		Relevanz
	qualitativ	quantitativ	
1 Strategische Geschäftsfeldplanung			
◆ Beobachtung der Marktentwicklung	Dokumentationen;	div. Wirtschaftsstatistiken	■
◆ Beobachtung der Technologieentwicklung	Analysen zu Angebot und	Technologieindikatoren	■
◆ Beobachtung globaler sozialer, politischer und ökologischer Trends	Nachfrage	div. Sozial-, Politik-, Ökologiestatistiken	▪
2 Strategische Kompetenzplanung			
◆ Strategische Personalentwicklung	z.B. Aufbau neuer		■
◆ Strategische Organisationsplanung	Gruppen		▪
3 Bildung strategischer Allianzen			
◆ nationale Allianzen	Konzepte / Verträge	Zahl der Firmen und	▪
◆ internationale Allianzen		Institute	▪

Relevanz: ■ = unerläßlich   ▪ = wichtig   □ = wünschenswert

In Abhängigkeit von der strategischen Geschäftsfeldplanung hat eine *strategische Kompetenzplanung* zu erfolgen. Ein unerläßliches Element der Kompetenzplanung ist eine bewußte und langfristig orientierte Personalentwicklung: Kreativität und Leistungsfähigkeit der Mitarbeiter sind die entscheidende Ressource von Forschung und Entwicklung; sie lassen sich kaum ad hoc steuern (etwa durch kurzfristige Einstellung oder Freisetzung von Mitarbeitern); die Leistungsfähigkeit eines Instituts von morgen wird wesentlich durch langfristig wirksame Personalentwicklungsentscheidungen geprägt. Eine wichtige Rahmenbedingung der Personal- und Qualifikationsentwicklung ist die Gestaltung der organisatorischen Strukturen der Institutstätigkeit; Organisationsstrukturen prägen die Lern- und Entfaltungsmöglichkeiten von Mitarbeitern (z.B. starre Abteilungsgrenzen und steile Hierarchien vs. Matrixorganisation und flache Hierarchien). Ein anschaulicher Indikator für eine strategische Personal- und Organisationsplanung ist der langfristig angelegte Aufbau neuer Forschungsteams für Aufgabenbereiche, für die hoher Bedeutungsgewinn erwartet wird.

Ein wichtiges Element strategischer Plazierung eines Instituts mit Blick auf angewandte technologische und ökonomische Anforderungen der Industrie ist der bewußte Umgang mit nicht überwindbaren Grenzen der eigenen Leistungsfähigkeit: Angesichts der wachsenden Komplexität industrieller Technologien müssen Entwicklungsprozesse immer häufiger nicht nur bilateral zwischen Institut und industriellem Partner, sondern multilateral zwischen vielfältigen Technologiegebern und -nehmern abgestimmt werden. Hierbei ist es wichtig, *strategische Allianzen* mit bewährten Partnern in Forschung und Industrie einzugehen, die durch komplementäre Stärken eigene Schwächen ausgleichen. Ein geeigneter Indikator hierfür ist die Existenz expliziter Kooperationskonzepte und/oder -verträge. Vor dem Hintergrund der Weltmarktorientierung der Industrie und der Tatsache, daß die technologische Entwicklung sich ebenfalls global vollzieht, sollten stabile Kooperationsbeziehungen auch in internationalen Zusammenhängen aufgebaut werden.

4.1.2   Erfolgsfaktor 2: Technologiemanagement

Die Überschrift "Technologiemanagement" faßt verschiedene Elemente der Fähigkeit eines Instituts zusammen, erfolgreich Technologieentwicklung zu betreiben. Zwangsläufig ergeben sich hier gewisse Überschneidungen mit dem Erfolgsfaktor 3: Industriebindung (siehe *Abschnitt 4.1.3*) und dem Erfolgsfaktor 4: Wissenschaftsbindung (siehe *Abschnitt 4.1.4*); die Fokussierung auf "Technologiemanagement" wird hier bewußt gewählt, um der Eigenständigkeit und Dynamik der Anforderungen moderner Technologieentwicklung Rechnung zu tragen (vgl. *Tabelle 4.1.2*).

Tab. 4.1.2: Erfolgsfaktor 2: Technologiemanagement

Element	Indikator		Relevanz
	qualitativ	quantitativ	
1 Technologieleistung:			
◆ Entwicklung von Systemlösungen	Felder/Konzepte		■
◆ Unterstützung von Technologieverflechtung	Felder/Konzepte		▪
◆ Prototypen / "Demonstratoren"	Technikfelder	Anzahl	▪
◆ Patente, Lizenzen	Technikfelder	Anzahl	□
2 Teilnahme an Technologieförderprogrammen	Technologiegebiete	Projektanzahl; relativer Anteil zum Gesamtbudget; Verhältnis regional, national und international	■
3 Projektmanagement:			
◆ Projektverlaufssteuerung	Konzepte, "Meilensteine"	Aufwand für das Projektmanagement im Verhältnis zum Gesamtprojekt	■
◆ Projektvernetzung (Synergien)	Thematische Schnittstellen	Anzahl und zeitliche Verknüpfung verwandter Projekte	■
◆ Interdisziplinarität	Personaleinsatzplan		■

Relevanz: ■ = unerläßlich   ▪ = wichtig   □ = wünschenswert

Ein erstes wichtiges Element dieses Erfolgsfaktors bilden die *Leistungen* und originären Beiträge eines Instituts *zur Technologieentwicklung*. Klassischer Beleg für die Hervorbringung eigenständiger Technologieentwicklungen ist die Produktion von Prototypen und/oder "Demonstratoren". Als Beleg für die technologische Leistungsfähigkeit eines Instituts wird häufig auch die Zahl angemeldeter Patente und vergebener Lizenzen verwendet. Oft spiegeln diese Indikatoren das tatsächliche technologische Leistungsprofil einer Forschungseinrichtung nur unvollständig und verzerrt wider; auch ist die Nützlichkeit von Patentindikatoren in hohem Maße abhängig von dem Patentierverhalten im jeweiligen technologischen und/oder ökonomischen Sektor.

Ein mittlerweile unerläßliches Element der technologischen Kompetenz eines Instituts ist seine Fähigkeit zur *Entwicklung von Systemlösungen*, d.h. sein Vermögen, nicht nur hochspezialisierte technische Artefakte hervorzubringen, sondern auch die Schnittstellen der Verwendung dieses Artefakts konzeptionell mit zu bearbeiten: Bei Prozeßtechniken etwa ist Integration - wenigstens aber Kompatibilität - mit vor- und nachgängigen und parallel gelagerten Teilprozessen erforderlich; bei Produkttechniken ist nicht nur die Funktionsfähigkeit des Artefakts selber sicherzustellen, sondern auch der Zugang zu Vorprodukten, die Sicherung der Reparaturfähigkeit, Aspekte kostengünstiger Herstellbarkeit, mögliche soziale oder ökologische Effekte, die Recyclingfähigkeit der Bauelemente und anderes mehr.

Moderne Produkte und Verfahren sind immer häufiger gekennzeichnet von der intelligenten *Integration heterogener Technologielinien* (Beispiel: moderne Mikrotechnologien: Integration von miniatorisierter Sensorik, Aktorik, Mikroelektronik, Signalverarbeitung und Prozeßsteuerung); eine wichtige Anforderung an das Technologiemanagement eines Instituts besteht in der Fähigkeit zur Verknüpfung verschiedenartiger Technologien; immer häufiger erfordert dies nicht nur technologische Integration, sondern auch das *Zusammenführen unterschiedlichster Akteure* (Forschungseinrichtungen, konkurrierende Unternehmen, staatliche Instanzen). Dies setzt systemisches Denken, interdisziplinäres Konzipieren und ständige Lernbereitschaft der Akteure voraus. Es gibt keine generellen Indikatoren für die Fähigkeit zur Entwicklung von Systemlösungen und für den Umgang mit Technologieverflechtung; geeignete Konzepte haben nur im jeweiligen Produkt- oder Prozeßfeld Gültigkeit.

Eine häufige aktive *Teilnahme an Projekten staatlicher Technologieförderprogramme* kann als unerläßliches Element erfolgreichen Technologiemanagements eines Instituts der wirtschaftsnahen Forschung gelten; diese Feststellung beruht auf der Annahme, daß die öffentliche Forschungs- und Technologieförderung sich auf Schlüssel- oder Spitzentechnologien konzentriert. Wenn ein Institut nicht in nennenswertem Umfang an den für sein Tätigkeitsgebiet bedeutsamen Förderprogrammen teilnimmt, verweist dies entweder - positiv - darauf, daß es in der Technologieentwicklung bereits weiter fortgeschritten ist als die im Rahmen eines Programms geförderten Themenstellungen, oder - negativ - daß es den Anschluß an vorherrschende Entwicklungslinien bereits verloren hat. Eine aufschlußreiche Fragestellung ist in diesem Zusammenhang, ob ein Institut nur an den für seinen Typus maßgeschneiderten Programmen teilnimmt (z.B. Förderung im Rahmen der industriellen Gemeinschaftsforschung), oder ob es auch in scheinbar fremden Förderprogrammen mitwirkt und damit eine erweiterte Anwendungsfähigkeit seiner Kernkompetenzen unter Beweis stellt (Stichwort: Technologicverflechtung). Wenn ein Institut bei größeren Verbundprojekten eine *Koordinatorenfunktion* wahrnimmt (etwa bei EU-Projekten), kann dies oft als Hinweis auf seine aktive und gestaltende Rolle und entsprechende Kompetenzen sein.

Erfolgreiches Technologiemanagement setzt effektives *Projektmanagement* voraus. Dazu gehört eine bewußte Steuerung des Verlaufs von Entwicklungsprojekten, etwa durch explizite Konzepte und/oder durch das Setzen von "Meilensteinen"; weiterhin sollten einzelne Entwicklungsprojekte mit verwandten Vorhaben erkennbar vernetzt werden, um Synergien zu nutzen, sowohl im Sinne der Rationalisierung als auch im Sinne gegenseitiger Befruchtung. Schließlich erfordern Systemlösungen und Technologieverflechtung eine interdisziplinäre Arbeitsweise, die u.a. an den beruflichen Qualifikationen und Erfahrungen der an einem Projekt mitwirkenden Mitarbeiter erkennbar ist. In Zeiten wachsender Kosten von Forschung und Entwicklung ist ein effektives Projektmanagement ein unerläßliches Element der Leistungsfähigkeit eines Instituts der wirtschaftsnahen Forschung.

4.1.3   Erfolgsfaktor 3: Industriebindung

Das entscheidende Merkmal, das Einrichtungen der wirtschaftsnahen Forschung von anderen staatlich geförderten Forschungsinstituten unterscheidet, ist die enge Bindung ihrer Tätigkeiten an die Bedürfnisse von Wirtschaftsunternehmen, insbesondere kleinen und mittleren Unternehmen. Alles, was zur Stärkung dieser Wirtschaftsorientierung beiträgt, wird hier als "Industriebindung" bezeichnet (vgl. *Tabelle 4.1.3*).

Das wichtigste Element der Industriebindung sind häufige und enge *Kooperationen mit Unternehmen*. Ein merkliches Maß an Entwicklungsaufträgen aus der Industrie ist für Einrichtungen der wirtschaftsnahen Forschung unerläßlich; Aufträge können sowohl von einzelnen Unternehmen als auch von Unternehmenskonsortien erteilt werden, dies gilt besonders für Konsortien kleiner und mittlerer Unternehmen. Qualität und Umfang von Industrieaufträgen können als befriedigend eingeschätzt werden, wenn - auch über einen mehrjährigen Zeitraum hin - sowohl eine Kontinuität der Auftraggeber zu verzeichnen ist (Anschlußaufträge) als auch neue Auftraggeber, auch in neuen Feldern,

Tab. 4.1.3: Erfolgsfaktor 3: Industriebindung

	Element	Indikator		Relevanz
		qualitativ	quantitativ	
1	**Unternehmenskooperation:**			
	◆ Industrieaufträge (incl. Unternehmenskonsortien) → davon KMU-Aufträge	Themen, Auftrageber Diversifikation, Anschlußaufträge	Anzahl, Volumen (Zeitreihen)	■
	◆ Verbundprojekte (Kooperation Wirtschaft / Wissenschaft)	Themen, Partner	Anzahl, Volumen	■
	◆ Vertraglich nicht geregelte Beratungsleistungen und Technologiekooperationen	Themen, Partner		•
	◆ Vermarktung von FuE-Ergebnissen in Kooperation mit Unternehmen	Konzepte	Erlöse, Häufigkeit	•
2	**Innovationsleistung**	Grad der Mitwirkung an Innovationsprozessen; Innovationstypen; time lag zwischen dem Transfer Inventionen zu Innovationen		•
3	**Know-how Transfer durch Personaltransfer**	Richtung, Qualifikation, Zweck	Häufigkeit, Dauer	■
5	**Weiterbildungsangebote**	Trainingskonzepte	Umfang, Häufigkeit	■
4	**Spin-offs (Unternehmensgründungen)**	Märkte	Häufigkeit, Alter	•
6	**Gremientätigkeit:**			
	◆ Mitwirkung in Industrie-Verbänden	Industriezweig, Position, Tätigkeit	Anzahl	•
	◆ Mitwirkung in Normungsgremien	Gebiet; national, international	Anzahl	•

Relevanz: ■ = unerläßlich   • = wichtig   ☐ = wünschenswert gewonnen werden können; die Kontinuität der Auftragserteilung gibt Hinweise auf die Zufriedenheit der Auftraggeber; die Erschließung neuer Themen und Auftraggeber kann als Ausdruck für die Erneuerung und Weiterentwicklung der Forschungseinrichtungen gewertet werden. Nicht wünschenswert sind extreme Auftragsverhältnisse: Hohe Abhängigkeit von einem oder wenigen industriellen Auftraggebern einerseits oder ständiger schneller Wechsel von Auftraggebern ohne Entwicklung bindender Kooperationsbeziehungen andererseits. Auch "Verbundprojekte", in denen Partner aus der Wirtschaft und aus der wirtschaftsnahen Forschung gemeinsam Technologieentwicklung betreiben, sind ein unerläßlicher Beitrag zur Stärkung der Industriebindung; Verbundprojekte sind im besonderen Maße geeignet, wechselseitigen Informationstransfer - von der Wissenschaft in die Wirtschaft und umgekehrt - zu erleichtern. Neben Aufträgen und Verbundprojekten sind es jedoch - dies zeigt die Alltagspraxis erfolgreicher Einrichtungen der wirtschaftsnahen Forschung immer wieder - vor allem vertraglich nicht geregelte Beratungsleistungen und Technologiekooperationen, die zur Stabilisierung der Industriebindung beitragen; informelle Austauschbeziehungen auf der Ebene der tätigen Mitarbeiter sind Ausdruck des Vertrauens auf ihre Problemlösungskompetenz und Verläßlichkeit. Im Einzelfall kann die Zusammenarbeit mit Unternehmen der Wirtschaft soweit gehen, daß Unternehmen und Forschungseinrichtungen gemeinsam Entwicklungsergebnisse in den Markt bringen; dies ist dann ein besonderer Beleg für die Marktnähe der Tätigkeiten des Instituts.

Die zuletzt genannte Form der Kooperation mit Unternehmen läßt sich auch als besondere *Innovationsleistung* eines Instituts der wirtschaftsnahen Forschung kennzeichnen: Wenn "Innovation" - im Sinne der Innovationsforschung - definiert wird als Einführung eines für das jeweilige Unternehmen neuen Produktes oder Verfahrens in den Markt, dann bezeichnet der Grad der Mitwirkung einer Einrichtung der wirtschaftsnahen Forschung an Innovationsprozessen den Umfang seiner Innovationsleistung. Dabei sollten die Aufgabenstellungen nicht verwischt werden: Innovation im definierten Sinne ist originäre Aufgabe der Wirtschaft - wirtschaftsnahe Forschung soll die Innovationsfähigkeit der Unternehmen unterstützen und stärken. Beachtung verdient dabei auch, zu welcher Art von Innovationen ein Institut beiträgt: Gemeinhin werden radikale und inkrementale bzw. Basisinnovationen und Verbesserungsinnovationen unterschieden; inkrementale Innovationen kennzeichnen das Alltagsgeschäft der meisten Unternehmen, weshalb zu erwarten ist, daß Einrichtungen der wirtschaftsnahen Forschung hierzu häufiger beitragen. Die besondere technologische Kompetenz eines erfolgreichen Instituts der wirtschaftsnahen Forschung sollte sich jedoch gerade auch in der Mitwirkung an radikalen Innovationen niederschlagen. Auch die zeitlichen Dimensionen der Innovationsleistungen sind wichtig: Eine Erfindung (Invention) oder eine Neuentwicklung können langsam oder schnell in den Markt gebracht werden (Innovation), und ein Institut kann diesen Transfer mehr oder weniger beschleunigen.

Ein bewährtes und unerläßliches Element der Industriebindung ist der *Transfer von Know-how durch Köpfe*. Der Austausch von Personal zwischen einer wirtschaftsnahen Forschungseinrichtung und Industrieunternehmen stärkt das gegenseitige Verständnis und fördert den Austausch von Wissen. Dabei ist nicht nur an den Wechsel von Wissenschaftlern (Graduierten, Promovierten) in die Industrie zu denken, sondern auch an die zeitweilige oder dauerhafte Mitarbeit von Industrieforschern im Institut.

Die Anwendungspotentiale neuer Technologien liegen nur selten offen und für jedermann leicht erkennbar auf der Hand, besonders kleine und mittlere Unternehmen, deren Blickfeld durch den harten alltäglichen Überlebenskampf eingeschränkt ist, erfassen die gesamte Breite der Nutzungsmöglichkeiten neuer Techniken nur selten vollständig. Hier fungieren *Weiterbildungsangebote* durch die wirtschaftsnahe Forschung als unerläßliches Element der Industriebindung; dazu zählen "Awareness"-Veranstaltungen, Trainingsmaßnahmen etc.

Einen wichtigen Hinweis auf die Industrieorientierung einer wirtschaftsnahen Forschungseinrichtung kann die Tatsache der Gründung neuer technologieorientierter Unternehmen durch ehemalige Mitarbeiter dieses Instituts geben (*Spin-offs*). Häufig stärken solche Spin-offs die Industriebindung zusätzlich, indem sie weiterhin mit dem Institut und zusätzlich mit neuen industriellen Partnern kooperieren, also die industrielle Vernetzung des Instituts ausweiten.

Schließlich hat sich die *Mitwirkung* von Repräsentanten des Instituts *in Industrieverbänden, Fachvereinigungen* und entsprechenden Ausschüssen und in *Normungsgremien* als wichtiges Element der Industriebindung erwiesen. Dabei sind das Ausmaß und die Qualität dieser Mitarbeit bedeutsam; der Querschnittcharakter und die Breite des technologischen Kompetenzfeldes eines Instituts können es erforderlich machen, daß das Institut nicht nur in den Verbänden seines "Haussektors", sondern auch weiterer industrieller Sektoren mitwirkt. Die Internationalisierung von Absatzmärkten macht es schließlich erforderlich, auch in internationalen Verbänden tätig zu werden; hierzu zählt nicht zuletzt die Einflußnahme über internationale Normungsgremien.

4.1.4 Erfolgsfaktor 4: Wissenschaftsbindung

Technologische Innovationen erfolgen immer häufiger auf der Grundlage von Ergebnissen wissenschaftlicher Forschung. Erkenntnisse der Grundlagenforschung erlangen häufig schneller als erwartet und oft auch unvermutet praktische Bedeutung für die Technologieentwicklung. Wirtschaftsnahe Forschung soll - per definitionem - ein

Scharnier zwischen technologischer Entwicklung in der Wirtschaft und Wissenschaft bilden. Wie in den vorangegangenen Abschnitten dargestellt, sind das Technologiemanagement und die Industriebindung eines Instituts dabei von entscheidender Bedeutung. Die Fähigkeit eines Instituts, dabei auch mit der Wissenschaft und der Grundlagenforschung kommunizieren zu können, wird jedoch immer bedeutsamer. Die Wissenschaftsbindung ist daher ein weiterer wichtiger Erfolgsfaktor für die wirtschaftsnahe Forschung, dem in Zukunft noch größere Aufmerksamkeit als in der Vergangenheit gewidmet werden sollte. Wissenschaftsbindung heißt dabei nicht "Akademisierung"; wirtschaftsnahe Forschung gehört nicht in den "Elfenbeinturm" und wird niemals "zweckfreie" Grundlagenforschung treiben. Sie muß aber durchlässige "Anschlußstellen" zum Wissenschafts- und Forschungsbetrieb besitzen (vgl. *Tabelle 4.1.4*).

Ein unerläßliches Element der Wissenschaftsbindung sind eigenständige **wissenschaftliche Leistungen** durch Institute der wirtschaftsnahen Forschung und der Gewinn einer entsprechenden **Reputation**. So sollten die Institute im begrenzten Umfang, aber regelmäßig immer wieder auch wissenschaftliche Projekte durchführen (z.B. gefördert durch die DFG oder durch Stiftungen), in deren Rahmen es eigenständig neue wissenschaftliche Erkenntnisse hervorbringt und auch wissenschaftliche Publikationen realisiert. Die fachliche Anerkennung der wissenschaftlichen Leistungen des Instituts kann sich niederschlagen in Berufungen von Institutsmitgliedern zum Professor oder Privatdozent an einer Universität.

Regelmäßige **Kooperation im Bereich der Fachwissenschaften** bildet ein weiteres Element der Wissenschaftsbindung. Dazu gehören gemeinsame grundlagenorientierte Forschungsprojekte mit Universitätsinstituten und außeruniversitären Forschungseinrichtungen (im Unterschied zu industriellen Verbundprojekten; siehe *Abschnitt 4.1.3*, "Industriebindung" Erfolgsfaktor 3); beim Einstieg in neue Forschungsthemen kann die Teilnahme an solchen Projekten unerläßlich sein. Die Wissenschaftskooperation wird stabilisiert, wenn ein Institut der wirtschaftsnahen Forschung auch institutionell mit einer Universität verflochten ist: Der einfachste Fall besteht darin, daß der Leiter des Instituts zugleich einen Lehrstuhl an der Universität bekleidet; in manchen Fällen leitet er zugleich ein Institut an der Universität, was den Wissens- und Personaltransfer aus der Wissenschaft in die wirtschaftsnahe Forschung spürbar erleichtert. Selbstverständlich und unerläßlich im Rahmen der Wissenschaftskooperation ist die regelmäßige Teilnahme von Mitarbeitern eines wirtschaftsnahen Forschungsinstituts an fachwissenschaftlichen Tagungen; dies erleichtert den Einblick in neue wissenschaftliche Diskurse und eröffnet neue Kooperationschancen. Einen wichtigen fruchtbaren Beitrag zur Wissenschaftskooperation leistet auch die Entsendung bzw. Aufnahme von Gastwissenschaftlern im Austausch mit wissenschaftlichen Einrichtungen; hierbei ist auch an internationalen Austausch zu denken (etwa im Rahmen der Fördermaßnahmen der Europäischen Union).

Tab. 4.1.4:	Erfolgsfaktor 4: Wissenschaftsbindung			

| | | Indikator | | |
#	Element	qualitativ	quantitativ	Relevanz
1	**Wissenschaftliche Leistung / Reputation:**			
	◆ Durchführung wiss. Projekte	z.B. DFG-Förderung	Häufigkeit	■
	◆ Hervorbringung neuer wiss. Erkenntnisse	Forschungsberichte		■
	◆ Wissenschaftliche Publikationen	Typ, Fachgebiete	Anzahl, Zitierhäufigkeit	■
	◆ Berufungen zum Professor oder Privatdozent		Häufigkeit	□
2	**Wissenschaftskooperation**			
	◆ Gemeinsame Forschungsprojekte mit Unis und außeruniversitäre Forschungseinrichtungen *)	z.B. Grundlagenorientierung	Anzahl, Volumen	■
	◆ Institutionelle Verflechtung mit Universität	Personalunion, Institutsleitung/ Lehrstuhl Uni-Institut		▪
	◆ Durchführung und Teilnahme an wiss. Tagungen	Typ, Gebiete	Anzahl	■
	◆ Personalaustausch / Gastwissenschaftler	entsendende bzw. aufnehmende Institution Zweck, Qualifikation	Häufigkeit, Dauer	▪
3	**Wissenschaftliche Ausbildungsleistung**			
	◆ Lehrtätigkeiten an Universitäten und Fachhochschulen	Professuren, Lehraufträge	Anzahl	▪
	◆ Diplome, Promotionen, Habilitationen	Förderkonzepte		▪
4	**Gremientätigkeit:**			
	◆ Mitwirkung in wiss. Vereinigungen	Fachgebiet, Position/ Tätigkeit	Anzahl	▪
	◆ Tätigkeit in wiss. Gutachtergremien	Fachgebiet, Art der Begutachtung		▪

*) nicht industrielle Verbundprojekte; Relevanz: ■ = unerläßlich ▪ = wichtig □ = wünschenswert

Einen wichtigen Beitrag zur Stärkung der Wissenschaftsbindung wirtschaftsnaher Forschung leistet die *Mitwirkung* von Mitarbeitern des Instituts an der *Hochschulausbildung*; dies kann durch Professuren oder Lehraufträge an Universitäten und Fachhochschulen geschehen oder in der Förderung von Diplomabschlüssen, Promotionen oder Habilitationen bestehen (im Idealfall hat das Institut hierfür explizite Förderkonzepte). Die wissenschaftliche Ausbildungsleistung gehört nicht zu den unerläßlichen Elementen der Wissenschaftsbindung von Einrichtungen der wirtschaftsnahen Forschung, sie ist aber wichtig, um gleichermaßen Praxisorientierung in die akademische Welt zu tragen und wissenschaftliche Systematik in die Arbeit des Instituts rückzuvermitteln.

Ähnliches gilt für die Mitwirkung in *wissenschaftlichen Gremien*. Mitarbeiter des Instituts sollten aktiv wenigstens in solchen wissenschaftlichen Vereinigungen tätig sein, die für die Kernkompetenzen der Institutsarbeit von großer Bedeutung sind. Wichtig ist auch eine aktive Mitwirkung in wissenschaftlichen Gutachtergremien, die bei der Vergabe von Forschungsförderungsmitteln mitwirken; die Berufung in eine solche Tätigkeit ist ein Ausdruck für die fachliche Anerkennung des Berufenen, zugleich gibt sie diesem aber auch eine hervorragende Gelegenheit, Einblick in neueste Fragestellungen in Wissenschaft und Forschung zu nehmen.

4.1.5 Erfolgsfaktor 5: Kommunikative Kompetenz

Wirtschaftsnahe Forschung ist von ihrer Aufgabenstellung her an der Schnittstelle zwischen zwei Welten tätig, Wissenschaft und Forschung einerseits und Wirtschaft andererseits. Informationsvermittlung, Übersetzungsleistungen und Dialogbereitschaft, mithin kommunikative Kompetenzen gehören zu den entscheidenden Erfolgsvoraussetzungen für Einrichtungen der wirtschaftsnahen Forschung. Im Zusammenhang mit den Erfolgsfaktoren "Industriebindung" (siehe *Abschnitt 4.1.3*) und "Wissenschaftsbindung" (siehe *Abschnitt 4.1.4*) werden diese Kommunikationsleistungen jeweils spezifisch behandelt. Wegen ihrer grundlegenden Bedeutung wird die kommunikative Kompetenz hier außerdem als eigenständiger Erfolgsfaktor eingeführt (vgl. *Tabelle 4.1.5*).

Ein unerläßliches Element der kommunikativen Kompetenz ist der *Aufbau* und die *Pflege von vielfältigen Außenkontakten*; ein Institut, das überwiegend von der Auftragsforschung lebt, muß mit seiner Umwelt ständig im Gespräch und im Austausch stehen. Daraus folgt, daß nicht allein die Repräsentanten der Führungsebene eines Institutes berechtigt sind, nach außen zu kommunizieren, sondern vor allem auch die Angehörigen der "Arbeitsebene", d.h. insbesondere die Projektleiter. Die Außenkontakte dürfen sich nicht nur auf schriftliche oder telefonische Kommunikation beschränken, sondern sollten

Tab. 4.1.5:   Erfolgsfaktor 5: Kommunikative Kompetenz

	Element	Indikator		Relevanz
		qualitativ	quantitativ	
1	**Kommunikation: Industriebindung ($\rightarrow$Faktor 3)**			
2	**Kommunikation: Wissenschaftsbindung ($\rightarrow$Faktor 4)**			
3	**Aufbau und Pflege von Außenkontakten**	berechtigte Hierarchie-ebenen; Formen der Kommunikation		■
4	**"Corporate Identity"**	Konzepte, "Wir-Gefühl"		■
5	**Öffentlichkeitsarbeit**	Konzeptionelle Basis bzgl: Presse, Informations-material, Messen, öff. Veranstaltungen etc.		▪

Relevanz: ■ = unerläßlich   ▪ = wichtig   □ = wünschenswert

häufige persönliche Präsenz "vor Ort", bei Auftraggebern, in der Industrie, bei Wissenschaftlerkollegen etc. einschließen.

Die Repräsentation des Instituts in der Außenwelt wird wesentlich erleichtert, wenn die Mehrheit der Mitarbeiter ein gemeinsames Verständnis von den Aufgaben ihres Instituts besitzt, ein "Wir"-Gefühl, eine *corporate identity* entwickelt hat. Die Etablierung und die Pflege einer solchen Institutsidentität gehört zu den unerläßlichen Aufgaben insbesondere der Institutsleitung.

Ein wichtiges Element der kommunikativen Kompetenz besteht darin, daß eine wirtschaftsnahe Forschungseinrichtung ihre Leistungsangebote leicht zugänglich und verständlich bekannt macht. Zwar kann man davon ausgehen, daß zufriedene Auftraggeber von der Leistungsfähigkeit des Instituts überzeugt sind, doch selbst diese kennen unter Umständen nicht das gesamte Spektrum der Tätigkeiten des Instituts. Erst recht gilt dies für neue, bisher noch nicht erschlossene Kundenkreise. Das Institut muß daher, über die Pflege guter Beziehungen mit Auftraggebern hinaus, eine *systematische Öffentlichkeitsarbeit* betreiben. Wie diese institutionell verankert ist, ob als eigene Pressestelle, als Teiltätigkeit des Institutsleiters, als Aufgabe von Abteilungsleitern, ist letztlich unerheblich - entscheidend ist, daß ansprechend aufbereitete und aktuelle Information ihren Weg in die breite Fachöffentlichkeit findet (Informationsmaterial und Präsentationen in Fachpresse, Messen, öffentlichen Veranstaltungen etc.); die Erstellung und Verbreitung von Jahresberichten reicht hierzu sicher nicht aus. Hilfreicher noch als allgemeine Informationen über die Leistungspotentiale eines Instituts sind zielgerichtete Aktionen (etwa über ausgewählte technologische Entwicklungstendenzen und ihre Anwendungsmöglichkeiten in spezifischen Industrien).

4.1.6   Erfolgsfaktor 6: Organisation und Management

Die Organisation und das Management einer Einrichtung gehören zu den grundlegenden Erfolgsfaktoren der wirtschaftsnahen Forschung; Vertragsforschungsinstitute, die einen wesentlichen Teil ihres Umsatzes unter Wettbewerbsbedingungen am Forschungsmarkt erwirtschaften müssen, hätten ohne eine flexible und effektive Organisation und bewußtes, zielgerichtetes Management kaum eine Überlebenschance. Angesichts veränderter Aufgabenstellungen (neue technologische Herausforderungen, krisenhafte Entwicklungen in vielen Industriesektoren, knappere öffentliche Fördermittel, Internationalisierung von Forschung und von Märkten) und verschärften Wettbewerbs gehören nicht nur das Leistungsspektrum, sondern auch die Binnenstrukturen von Einrichtungen der wirtschaftsnahen Forschung auf den Prüfstand (vgl. *Tabelle 4.1.6*).

Tab. 4.1.6:	Erfolgsfaktor 6: Organisation und Management			

		Indikator		
	Element	qualitativ	quantitativ	Relevanz
1	**Strategische Organisationsplanung(→Faktor 1)**			
2	**Aufbauorganisation:**			
	◆ flache Hierarchien		Anzahl	▪
	◆ flexible FuE-Abteilungs-/Gruppen-/Projektstrukturen	Konzepte	Verhältnis Organisations-einheiten zu Mitarbeitern	▪
	◆ begrenzter Aufwand für allgemeine Verwaltung / "Overhead"	zentral / dezentral	Verhältnis zu FuE-Einheiten	■
3	**Ablauforganisation:**			
	◆ zentrale Planungsprozesse für Institutsentwicklung			■
	◆ dezentrale Entscheidungskompetenzen (Projekt-, Akquisitions-, Investitions-, Personalverantwortung)	Konzepte		■
	◆ Finanzierungsverantwortung (Profit-Center)			▪
	◆ offene Informationsflüsse	Formen, Dimensionen		▪
	◆ Durchlässigkeit von Organisationsgrenzen	z.B. Matrix		▪
4	**Controlling (projektübergreifend):**			
	◆ Budgetplanung und Kontrolle	zentral / dezentral		■
	◆ Personaleinsatzplanung			▪
5	**Projektmanagement (→Faktor 2)**			
	Relevanz: ■ = unerläßlich　▪ = wichtig　□ = wünschenswert			

Auf die Bedeutung einer langfristig orientierten, *strategischen Organisationsplanung* ist bereits im *Abschnitt 4.1.1* hingewiesen worden. Sie findet vor allem in der Gestaltung der Aufbauorganisation und der Ablauforganisation eine Einrichtung der wirtschaftsnahen Forschung ihren Niederschlag.

Wirtschaftsnahe Forschung verlangt kreatives, aber nicht schematisiertes und repititives Handeln der tätigen Mitarbeiter; die *Aufbauorganisation* eines Institutes (also die vertikale und horizontale Verteilung von Aufgaben) sollte den Mitarbeitern die erforderlichen Spielräume verschaffen und ihnen genügend Verantwortung zugestehen. Möglichst flache Hierarchien erleichtern die Verteilung von Verantwortung auf viele Schultern; mehr als drei Hierarchieebenen (Projektleitung, Gruppen- oder Abteilungsleitung, Institutsleitung) erschweren den horizontalen Fluß von Wissen und Ideen. Die Arbeitseinheiten (Abteilungen, Forschungsgruppen oder Projektteams) können flexibel und an gewandelte Aufgabenstellungen anpaßbar gehalten werden, wenn sie eine gewisse Größe nur ausnahmsweise überschreiten (maximal 10 hauptamtliche FuE-Mitarbeiter je Forschungsgruppe), und wenn sie interdisziplinär zusammengesetzt sind; die Interdisziplinarität ist einerseits erforderlich zur Bewältigung der Aufgaben der laufenden FuE-Projekte, interdisziplinäre Erfahrungen erleichtern es den Mitarbeitern aber auch, sich schnell in andere Forschungsteams einzufinden, wenn ihre spezifische Qualifikation projektabhängig dort benötigt wird. Wenn ein Institut oder einer seiner Teilbereiche eine Phase der Anpassung an gewandelte Aufgabenstellungen durchläuft, kann es nützlich sein, Abteilungen oder Forschungsgruppen zunächst mit zeitlicher Befristung einzurichten (z.B. für nur drei Jahre), um bei unbefriedigenden Leistungen oder bei weiter veränderten Aufgabenstellungen über eine definierte und akzeptierte Möglichkeit zu verfügen, die Organisationsstrukturen zu wie die Praxis immer wieder zeigt - schwierigen Versuch, den Aufwand für forschungs- und projektfremde Tätigkeiten, insbesondere die "Gemeinkosten" für den "Overhead" strikt zu begrenzen; welche allgemeinen Verwaltungstätigkeiten und internen Dienstleistungen zentral, von eigens dafür eingerichteten gemeinkostenfinanzierten Stellen mit spezialisiertem Personal und welche dezentral, in enger Verbindung mit den laufenden Projektarbeiten erledigt werden sollten, kann hier nicht generell festgelegt werden; der Grad der Ausdifferenzierung und Zentralisierung von Verwaltung und Dienstleistungen ist in hohem Maße abhängig von der jeweiligen Aufgabenstellung eines Institutes; es ist allerdings eine häufig zu beobachtende - problematische - Tatsache, daß mit dem Alter eines Institutes auch die Zahl gemeinkostenverursachender Stellen für allgemeine Tätigkeiten ansteigt. Typische allgemeine Aufgabenstellungen, die sich kaum dezentral erledigen lassen, sind die allgemeine Personalverwaltung und Finanzverwaltung.

Das Prinzip der breiten Verteilung von Verantwortung sollte sich auch in der *Ablauforganisation* widerspiegeln: Die Institutsleitung sollte sich vorwiegend auf die mittel- und langfristigen Prozesse der Institutsentwicklung konzentrieren; ein "Hineinregieren" in die alltägliche Projektarbeit ist zu vermeiden. Um in die Planungsprozesse für die mittelfristige Institutsentwicklung möglichst viel kreatives Potential aus der Mitarbeiterschaft einbinden zu können, sollten solche Prozesse durch die Institutsleitung zielführend und transparent moderiert und nicht dekretiert werden; ein mögliches Instrument hierfür ist ein "Leitungsausschuß", dem neben den Leitungspersonen auch Mitarbeitervertreter angehören (z.B. Betriebs- oder Personalrat, Vertreter des wissenschaftlichen Personals o.ä.). Um die Mitarbeiter für die Proleme und die Möglichkeiten der mittelfristigen Weiterentwicklung des Instituts oder eines seiner Teilbereiche zu sensibilisieren und ihre Einsatzbereitschaft zu mobilisieren, kann es nützlich sein, themen- oder problemspezifische Plenarveranstaltungen durchzuführen (z.B. Klausuren, Seminare, Kolloquien). Der überwiegende Teil der Entscheidungen, der für die alltägliche Arbeit eines Forschungsteams und für seine mittelfristige Weiterentwicklung bedeutsam ist, sollte dezentral getroffen werden können (von Gruppen- und/oder Projektleitern); dazu gehören die Verantwortung für die Abwicklung einzelner Projekte, für die Akquisition neuer Projekte, für gruppenspezifische Investitionen (soweit nicht außerordentlich aufwendig) und für das beteiligte Personal. Daraus folgt, daß Gruppen oder Abteilungen (abhängig von ihrer Größe) als "Profitcenter" betrieben werden sollten; dies ist das konsequenteste Konzept der Bindung von Verantwortung an die Arbeitsebene. Verantwortungsbewußtsein und Kreativität auf Seiten der Mitarbeiter setzen voraus, daß diese gut informiert sind: fachlich (wissenschaftlich und technologisch), über Entwicklungen in der Wirtschaft, über die Auftragslage und finanzielle Situation des Instituts, über Vorschläge und Pläne zur Weiterentwicklung der Einrichtung; umgekehrt braucht auch die Institutsleitung engen Kontakt und gute Information über die alltäglichen Erfahrungen der Arbeitsebene. Erforderlich sind also offene Informationsflüsse sowohl horizontal wie auch vertikal, von unten nach oben und umgekehrt; die Praxis zeigt allerdings, daß der Versuch einer umfangreichen, allseitigen Informationsversorgung tendenziell in das Dilemma der Informationsüberflutung führt - um zu erkennen, ob eine eingegangene Information wichtig ist oder nicht, muß man sie zunächst zur Kenntnis genommen haben, was zeitraubend ist und der Projektarbeit schaden kann. Eine generelle, praktikable Regelung zur optimalen Gestaltung von Informationsflüssen gibt es nicht. Ein weiteres wichtiges Element flexibler Ablauforganisation ist die hinreichende Durchlässigkeit der internen Organisationsgrenzen im Arbeitsprozeß: Wenn es die Forschungs- und Entwicklungsaufgaben erforderlich machen, müssen Know-how-Flüsse und Projektteams quer zu Gruppen- oder Abteilungsgrenzen gebündelt und zielführend genutzt werden können, ohne daß dies langwierige interne Verhandlungen über Zuständigkeiten, Rechte und Pflichten erforderlich macht; im Idealfall können unterschiedliche Kompetenzen aufgabengerecht und zeitlich begrenzt nach dem Vorbild der Matrix-Organisation zusammengeführt und wieder aufgelöst werden.

Ein Element der Ablauforganisation soll hier besonders hervorgehoben werden: Das *projektübergreifende Controlling*, insbesondere die Ertragsüberwachung, Budgetplanung und -kontrolle, ist ein unerläßliches Hilfsmittel des Institutsmanagements, nicht allein im Sinne einer ordentlichen Buchführung, sondern vor allem als Informations- und

Frühwarnsystem im risikoreichen Geschäft der Auftragsforschung. Als weiteres Controlling-Führungsmittel ist hier die mittelfristige Personaleinsatzplanung zu nennen (mit wenigstens einem halben Jahr Vorlauf); sie sollte auf Gruppen- oder Abteilungsebene angewandt, mit den betroffenen Mitarbeitern regelmäßig abgesprochen und transparent dargestellt werden. Dies hilft nicht nur der Leitung bei der Planung, sondern dient vor allem den Mitarbeitern zur Orientierung bei der Einteilung ihrer Arbeit. Die (De-)Zentralität der Controlling-Funktionen hängt von der Größe der beteiligten Arbeitseinheiten ab; grundsätzlich sollte gelten, daß, was dezentral befriedigend erledigt werden kann, dort auch getan werden sollte. Zentral sollten möglichst nur aggregierte Informationen verarbeitet werden.

Abschließend sei hier auf die Bedeutung des Projektmanagements hingewiesen, das bereits im *Abschnitt 4.1.2* (Erfolgsfaktor "Technologiemanagement") behandelt wurde.

4.1.7   Erfolgsfaktor 7: Humanressourcen

Seit einigen Jahren rückt die menschliche Arbeitskraft als Quelle von Produktivität und Kreativität wieder ins Zentrum der Aufmerksamkeit des Managements, nachdem in den 70er und 80er Jahren die Übertragung von Arbeitsprozessen auf Maschinen im Mittelpunkt gestanden hatte. Das neue Interesse an den "Humanressourcen" ist dabei weniger Ausdruck einer Gegenbewegung als vielmehr eine notwendige Ergänzung des mittlerweile in fast allen Arbeitszusammenhängen verbreiteten Umgangs mit hochwertiger Technik. Technologisch anspruchsvolle Prozesse können nur von hochqualifizierten, motivierten und kreativen Mitarbeitern produktiv genutzt werden - dies gilt in ganz besonderem Maße für Forschung und Entwicklung. Der Aufbau, die Pflege und die Entwicklung der Humanressourcen gehören zu den hervorragenden Erfolgsfaktoren der wirtschaftsnahen Forschung (vgl. *Tabelle 4.1.7*).

Auf die Bedeutung einer langfristig orientierten strategischen Personalentwicklung wurde bereits hingewiesen (siehe *Abschnitt 4.1.1*, Erfolgsfaktor "Strategische Orientierung"). Sie sollte ihren Niederschlag finden in einer ***Personalstruktur***, die folgende Bedingungen erfüllt: (1) Die Wissenschaftler und Ingenieure in den FuE-Einheiten sollten interdisziplinär zusammengesetzt sein, in einem doppelten Sinne: Einerseits sollten sie unterschiedliche wissenschaftliche und/oder technische Disziplinen repräsentieren, wobei die Zusammensetzung sich nach der Aufgabenstellung des Teams zu richten hat, andererseits sollte die Fähigkeit der Mitarbeiter, über die Grenzen der eigenen Disziplin hinaus zu denken, sich auf die Bearbeitungsweisen andersartiger Disziplinen einzulassen, gefördert werden, ohne dabei die Kernkompetenzen der eigenen Disziplin zu beschädi-

Tab. 4.1.7:   Erfolgsfaktor 7: Humanressourcen

	Element	Indikator		Relevanz
		qualitativ	quantitativ	
1	**Strategische Personalentwicklung (→Faktor 1)**			
2	**Personalstruktur:**			
	◆ interdisziplinäre Struktur der "professionals" (Wiss., Ing.)	Disziplinen; Qualifikationsmix	Anzahl,;Relation	■
	◆ geeignetes Verhältnis professionals/Techniker/ Assistenzkräfte		Relation	■
	◆ interne Personaleinsatzflexibilität	interne Fluktuation; bereichsübergreifende Projektkooperation		■
	◆ "ausgewogene" Altersstruktur		Relation Altersgruppen/ Funktionsbereiche	·
	◆ "ausgewogene" Personalerneuerungsrate		Institutszugehörigkeit; Funktionsbereich	·
3	**Leistungsanreizsysteme**	Formen		■
4	**Aus- und Weiterbildung**	Formen; Inhalte	Ausgaben (intern, extern)	■

Relevanz: ■ = unerläßlich   · = wichtig   □ = wünschenswert gen. (2) Die Einrichtung benötigt ein geeignetes Zahlenverhältnis von "Professionals" (Wissenschaftler, Ingenieure), Technikern und Assistenzkräften. (3) Eine gewisse interne Personaleinsatzflexibilität erleichtert dem Institut das Reagieren auf wechselnde Auftragslagen in seinen unterschiedlichen Tätigkeitsgebieten; zugleich fördert die interne Fluktuation von Mitarbeitern den Austausch von Wissen aus unterschiedlichen Arbeitsgebieten; dies erleichtert wiederum bereichsübergreifende Projektkooperationen, deren Realisierbarkeit ihrerseits eine Optimierung des Leistungsangebots des Instituts bedeuten kann. (4) Es ist eine "ausgewogene" Altersstruktur des Personals anzustreben; weder ist eine Überalterung noch die Beschäftigung ausschließlich junger Mitarbeiter anzustreben; die Altersstruktur bleibt ausgeglichen, wenn (5) die Personalerneuerungsrate "ausgewogen" ist: Bei Wissenschaftlern und Ingenieuren sollten gleichermaßen bewährte Know-how-Träger langfristig beschäftigt sein wie auch regelmäßig jüngere Mitarbeiter mit "frischer" Hochschulausbildung eingestellt werden müssen. Im Bereich der Verwaltung und der Assistenzkräfte sind eher längerfristige Beschäftigungsverhältnisse wünschenswert, da hier Berufserfahrung ein wichtiger Produktivitätsfaktor ist.

Jede kundenorientiert und wettbewerblich arbeitende Einrichtung benötigt *Leistungsanreizsysteme*, um die Einsatzbereitschaft des Personals zu stimulieren. Da in den meisten Einrichtungen der wirtschaftsnahen Forschung das Entlohnungssystems des öffentlichen Dienstes oder sinngemäße Regeln gelten, die eine individuelle leistungsorientierte Bezahlung der Mitarbeiter erschweren, entfällt das Medium Geld als Leistungsanreiz weitgehend. Es bietet sich aber eine Reihe weiterer Anreize an, die individuell unterschiedlich attraktiv sind, in Abhängigkeit von der Interessenlage des betroffenen Mitarbeiters; dazu gehören: Große Freiheitsgrade für selbständige Entscheidungen; Teilnahme an Tagungen, Kongressen etc.; internationale Kooperation; Projektakquisition in Abstimmung mit Qualifizierungvorhaben wie Dissertationen, Habilitationen; zeitweilige Freistellung für solche Qualifizierungvorhaben; Ausstattung des Arbeitsplatzes mit modernem Gerät u.a.m.

Schließlich bildet die *Aus- und Weiterbildung* des Personals ein unerläßliches Element der Pflege der Humanressourcen. Dies gilt gleichermaßen für die berufliche Weiterbildung der Mitarbeiter, die Aus- und Weiterbildung mit Bezug auf die gestellten Arbeitsaufgaben und die Realisierung individueller, berufsunspezifischer Weiterbildungswünsche. Die Förderung der wissenschaftlichen und beruflichen Qualifizierung erfüllt dabei den doppelten Zweck einerseits der Verbesserung der Berufsaussichten des einzelnen Mitarbeiters (auch außerhalb des Instituts) und andererseits der Erhöhung des Qualifikationsniveaus des Instituts insgesamt.

4.1.8   Erfolgsfaktor 8: Wissenschaftlich-technische Ausstattung

In den meisten Einrichtungen der wirtschaftsnahen Forschung bildet die wissenschaftlich-technische Ausstattung eine unverzichtbare sachliche Grundlage für die Forschungs- und Entwicklungstätigkeiten. Außerdem sind die Verfügbarkeit von modernsten technischen Anlagen und die Zugangsmöglichkeiten zu spezialisierten Wissensbasen ein treibendes Motiv für viele Unternehmen der Wirtschaft, sich an eine wirtschaftsnahe Forschungseinrichtung zu wenden. Da die wissenschaftlich-technischen Anforderungen und die benötigten technischen Anlagen und Informationsdienste je nach dem Aufgabenfeld eines Instituts der wirtschaftsnahen Forschung extrem variieren, können hier nur sehr allgemeine Kriterien für eine optimale Ausstattung benannt werden (vgl. *Tabelle 4.1.8*).

Selbstverständlich braucht die Einrichtung geeignete *Gebäude* und eine adäquate *räumliche Ausstattung*; aus der Perspektive von Instituten in entwickelten Regionen, wie Baden-Württemberg, erscheint dieses Element fast trivial, da hier die Ausstattung in dieser Hinsicht in den meisten Fällen als gut bezeichnet werden kann; während der Transformationsprozesse in Ostdeutschland Anfang der 90er Jahre zeigte sich allerdings, daß die Handlungsfähigkeit von Einrichtungen der wirtschaftsnahen Forschung deutlich eingeschränkt ist, wenn bereits die räumlichen Bedingungen schlecht sind. Ebenfalls scheinbar trivial, aber für die Alltagsarbeit unerläßlich ist eine geeignete Grundausstattung des Instituts mit Bürotechnik und einfacher Kommunikationstechnik (Telefon, Fax etc.); *Tabelle 4.1.8* zeigt einige mögliche Indikatoren für diese und die im folgenden behandelten Elemente der wissenschaftlich-technischen Ausstattung.

Das Herz der *technischen Ausrüstung* für die Forschungs- und Entwicklungsarbeiten eines Instituts bilden seine Datenverarbeitungsanlagen, Labors, Meß- und Prüftechniken, Werkstätten und Anlagen der Produktionstechnik. Entscheidend ist, daß diese Anlagen auf einem technologischen Stand sind, der Entwicklungsarbeiten an der Front des technologischen Fortschritts ermöglicht. Das Institut wird daher immer wieder in die Erneuerung seiner Anlagen investieren müssen; dies betrifft sowohl regelmäßige Investitionen zur Pflege und zum Ausbau der Anlagen wie auch Sprunginvestitionen, wenn der Einstieg in eine neue Technologie erfolgen muß. Die Praxis zeigt, daß solche Großinvestitionen häufig nur mit deutlicher staatlicher Hilfe realisierbar sind.

Investitionen in technische Ausrüstung bleiben Fehlinvestitionen, wenn die Anlagen nicht wirklich nützlich sind und/oder nicht genutzt werden. Sie bedürfen daher regelmäßiger *Wartung*, um ihre Funktionsfähigkeit sicherzustellen; die Wartung darf nicht dem Zufall überlassen bleiben, sondern muß einem Konzept folgen, gegebenenfalls kann ein "Qualitätssicherungssystem" eingeführt werden. Auch die *Auslastung* der Anlagen sollte aufmerksam beobachtet werden; zwar müssen Einrichtungen der wirtschaftsnahen Forschung nicht wie Industrieunternehmen streng nach betriebswirtschaftlichen Kriterien

Tab. 4.1.8:   Erfolgsfaktor 8: Wissenschaftlich-technische Ausstattung

	Element	Indikator		Relevanz
		qualitativ	quantitativ	
1	**Geeignete Gebäude / räumliche Ausstattung**		Alter, m^2/Arbeitsplatz	▪
2	**Geeignete Grundausstattung (Bürotechnik, einfache Kommunikationstechnik)**		PC, Telefon je Arbeitsplatz	■
3	**Geeignete Technische Ausrüstung:**			
	◆ EDV	technologischer Stand;	Investitionen	■
	◆ Labors, Meß- & Prüfeinheiten	Attraktivität für die	im	■
	◆ Werkstätten und Produktionstechnik	Industrie	Zeitverlauf	▪
4	**Zielführender Betrieb der technischen Ausrüstung**			
	◆ Wartung	Konzepte, z.B. Qualitäts-sicherungssysteme	Kosten und Zeitaufwand	■
	◆ Auslastung	Eignung der Anlagen	Prozent der Auslastung	▪
5	**Wissenschaftliche, informatorische Ausstattung:**			
	◆ Datenbanken (eigene, Netzverbindungen)	Gebiet; Recherche-Typen	Investition je Wiss.	▪
	◆ Bibliothek	fachliche Bereiche; zentral / dezentral	Zahl der Bände; Zeitschriften; Investition je Wiss.	▪
	◆ Zugriff auf externe Bibliotheksbestände	Formen; Dimensionen		▪

Relevanz: ■ = unerläßlich   ▪ = wichtig   □ = wünschenswert

arbeiten, doch sollten staatlich unterstützte Einrichtungen keine teuren, "exotischen" Anlagen unterhalten, die selten oder nie genutzt werden, ebenso wie sie keine "Ladenhüter" und keine "Investitionsruinen" betreiben sollten.

Jede Forschungseinrichtung benötigt eine gute *wissenschaftliche und informatorische Ausstattung*. Mit zunehmender Technologieverflechtung wächst die Bedeutung dieses Elements sogar noch: da eine Einrichtung nicht auf allen Technologiefeldern, mit denen es in seinen FuE-Arbeiten in Berührung kommt, eigene fachliche Kompetenzen vorhalten kann, ist es wichtig, effektiven Zugang zu Informationen über benachbarte, komplementäre Technologiefelder durch Bibliotheken, Datenbanken (eigene oder externe) zu erhalten. Entscheidend hierbei ist weniger die Menge der Bücher und die Zahl der Datenbanken, die ein Institut besitzt, als vielmehr die Schnelligkeit und die Qualität des Zugriffs auf erforderliche Informationen.

4.1.9 Erfolgsfaktor 9: Finanzierung

Die Finanzierbarkeit ist eine triviale Grundvoraussetzung für die Existenz und die Tätigkeiten einer wirtschaftsnahen Forschungseinrichtung. Die Finanzierung wird hier dennoch als "Erfolgsfaktor" aufgeführt, weil ihre Zusammensetzung darüber entscheidet, ob eine Einrichtung als erfolgreich im Sinne ihres Auftrages - wirtschaftsnahe Forschung und Entwicklung - eingestuft werden kann (vgl. *Tabelle 4.1.9*).

Ein bedeutsames Element erfolgreicher Finanzierung ist die historische (und ggf. auch die absehbare) *Entwicklung der Finanzquellen* eines Institutes: Die institutionelle Förderung einer Einrichtung (Grundfinanzierung durch das Land und/oder den Bund) wird in den meisten Fällen im Zeitverlauf degressiv gestaltet, bleibt im Ausnahmefall stabil und steigt i.d.R. nicht; dies ist sinnvoll, denn erfolgreiche Einrichtungen der wirtschaftsnahen Forschung benötigen nur am Beginn ihrer Existenz eine starke staatliche Unterstützung, im Verlaufe ihrer Etablierung gewinnen andere Finanzquellen an Bedeutung. Sonderzuwendungen von Land und/oder Bund betreffen i.d.R. größere Investitionen, die das Institut nicht aus eigener Kraft bestreiten kann. Aufträge aus der Wirtschaft sind - per definitionem - eine unerläßliche Quelle der Finanzierung wirtschaftsnaher Forschungseinrichtungen; ihr idealer Anteil am Gesamtbudget sollte sich nach dem Grad der erreichten Einführung des Instituts in die Wirtschaft, nach dem objektiven Potential an Auftraggebern aus der Wirtschaft und nach dem technologischen Unterstützungsbedarf der Industrie richten; bei entsprechender Struktur des Sektors sollten auch kleine und mittlere Unternehmen einen nennenswerten Anteil an den Aufträgen aus der Wirtschaft halten, ggf. im Rahmen von Konsortialaufträgen. Für

Tab. 4.1.9: Erfolgsfaktor 9: Finanzierung

	Element	Indikator qualitativ	Indikator quantitativ	Relevanz
1	**Finanzquellen des Instituts:**		Anzahl der Finanzquellen	
	• Grundfinanzierung Land / Bund (regelmäßig)		% des Gesamtbudgets*)	■
	• Sonderzuwendungen (Land / Bund)		Summen*)	•
	• Aufträge aus der Wirtschaft, davon KMU-Anteil			■
	• Projekte der ind. Gemeinschaftsforschung			•
	• Projekte aus Bund- und Länderprogrammen		% des Gesamtbudgets*)	•
	• Projekte aus EU-Programmen			•
	• Stiftungsprojekte u.a.			□
	• Dauerhaftigkeit einzelner Auftraggeber	Kontinuität vs. Diversifikat.		•
2	**Ertragsarten des Instituts:**			
	• FuE-Aufträge			■
	• Konstruktion			•
	• Beratung/ technisch-ökonomischen Studien		% des Gesamtbudgets*)	■
	• Weiterbildung und Schulung			■
	• Lizenzen und Produkte			□
	• Wartungsleistungen und sonstige Leistungen			□
3	**Element 1 und 2 der <u>Arbeitseinheiten</u>**		Relation Gesamtbudget/ Arbeitsgebiete in %	
4	**Ausgabenstruktur:**			
	• Personalausgaben nach Mitarbeiterstruktur (Stammpersonal: Wiss., Techniker, Assistenzkräfte)			
	• betriebsfremde Personalkosten		% des Gesamtbudgets*)	
	• Sachkosten			
	• fremde FuE-Ausgaben			
	• Investitionen (regelmäßig, außerordentlich)			

Relevanz: ■ = unerläßlich • = wichtig □ = wünschenswert *) 10-Jahres Zeitreihen eine Reihe von Instituten, insbesondere solchen, die deutlich sektoral ausgerichtet sind, spielt die Finanzierung durch Projekte aus der industriellen Gemeinschaftsforschung eine wichtige Rolle. Als wichtig können ebenfalls Projektmittel aus Forschungsförderprogrammen des Bundes, der Länder und der Europäischen Union gelten. Mittel von Stiftungen der Wissenschaftsförderungen werden bei Einrichtungen der wirtschaftsnahen Forschung immer nur von untergeordneter Bedeutung sein, sind aber wünschenswert im Sinne der "Wissenschaftsbindung" (siehe *Abschnitt 4.1.4*). Kritische Aufmerksamkeit verdient das Ausmaß der Bindung des Instituts an einzelne Auftraggeber über die Zeit; eine gewisse Kontinuität kann als Indikator für Zufriedenheit des Auftraggebers gelten, zugleich aber ist es erforderlich, daß auch neue Auftraggeber erschlossen werden.

Aus dem Auftrag der wirtschaftsnahen Forschung folgt, daß bestimmte *Ertragsarten* unerläßlich sind: Dazu zählen im Kern selbstverständlich die FuE-Aufträge; bei der Behandlung des Erfolgsfaktors "Industriebindung" (siehe *Abschnitt 4.1.3*) wurde aber bereits gezeigt, daß Beratungsleistungen, technisch-ökonomische Studien für Unternehmen und Angebote der Weiterbildung und Schulung ebenfalls bedeutsame Beiträge zur Steigerung der Innovationsfähigkeit der Wirtschaft sein können. Erträge aus Konstruktionstätigkeiten sind in diesem Sinne wichtig, wenn sie im Zusammenhang mit der Erledigung von FuE-Aufträge realisiert werden. Erträge aus Lizenzen, Produkten, Wartungsleistungen und sonstigen Dienstleistungen sind wünschenswert, aber nicht unerläßlich.

Bei größeren Einrichtungen der wirtschaftsnahen Forschung sollte die Analyse der Entwicklung der Finanzquellen und der Ertragsarten nicht allein aggregiert für das gesamte Institut, sondern auch mit Blick auf die *einzelnen Forschungsgruppen* erfolgen, um wünschbare und kritische Entwicklungen erkennen zu können.

Neben den Einnahmen verdient auch die Struktur der *Ausgaben* einer Einrichtung aufmerksame Beobachtung: So können sich etwa die Personalausgaben im Zeitverlauf deutlich und u.U. problematisch verändern (etwa durch höhere Eingruppierung und zunehmendes Alter von immer mehr Mitarbeitern). Ausgaben für betriebsfremdes Personal können Ausdruck des Abfangens vorübergehender personeller Spitzenbelastung sein, können aber auch eine inadäquate Zusammensetzung des Stammpersonals indizieren. Die Entwicklung der Sachkosten muß in engem Zusammenhang mit den Aufgaben betrachtet werden; nicht jede Sachinvestition ist projekterforderlich. Ausgaben für extern durchgeführte FuE können Kooperationsfreudigkeit des Instituts und damit Einbindung in wissenschaftlich-technologische Netzwerke anzeigen, können aber auch ein Hinweis darauf sein, daß es dem Institut an gewissen Kompetenzen mangelt, die sinnvollerweise aufzubauen sind. Die Rolle von Ausgaben für Investitionen (regelmäßige und außerordentliche) wurde bereits im *Abschnitt 4.1.8*, Erfolgsfaktor "Wissenschaftlich-technische Ausstattung" behandelt.

4.2 Leistungskriterien der wirtschaftsnahen Forschung

Die im folgenden vorgeschlagenen *Leistungskriterien* für Einrichtungen der wirtschaftsnahen Forschung erfassen wichtige *Ergebnisse erfolgreicher Aufgabenerfüllung* dieser Institute in bezug auf ihren Beitrag zur Stärkung der Innovationsfähigkeit der Wirtschaft, insbesondere kleiner und mittlerer Unternehmen. Die Leistungskriterien konzentrieren sich auf den Teil des Wirkens einer Einrichtung, um dessenwillen diese im Rahmen der Technologiepolitik des Landes materiell unterstützt wird. Die vorgeschlagenen Leistungskriterien überschneiden sich teilweise mit den in *Abschnitt 4.1* diskutierten Erfolgsfaktoren; dies ist beabsichtigt.

Die vorgeschlagenen Leistungskriterien erfassen fünf Komplexe: erstens, die Kohärenz von strategischer Geschäftsfeldplanung des Instituts mit dem industriellen Bedarf, zweitens, die wissenschaftlich-technologische Kompetenz des Instituts, drittens, den wirtschaftlichen Problemlösungserfolg seiner Tätigkeit, viertens, die Entwicklung der Ertragslage sowie fünftens, die Humanressourcen und die wissenschaftlich-technische Ausstattung der Einrichtung (siehe auch *Abbildung 4.2.1*).

Um eine klare Profilierung der Stärken und Schwächen zu erreichen, wird die Erfüllung der Kriterien durch eine Reihe von *Fragen* geprüft, die im Prinzip mit "ja" oder "nein" beantwortet werden können; dabei wird davon ausgegangen, daß bei der konkreten Anwendung der Kriterien ein "ja" oder "nein" durch überzeugende *Belege* qualitativer und quantitativer Art untermauert wird. Auf die Festlegung (quantitativer) Indikatoren wird hier verzichtet, da diese nur einzelfallgerecht bestimmt werden können. Das gleiche gilt für die relative Gewichtung der Elemente/Fragestellungen eines Leistungskriteriums; wegen der Unterschiedlichkeit der Aufgabenstellungen verschiedener Einrichtungen müssen die Leistungskriterien bei jedem Institut ein *individuelles Relevanzprofil* (unerläßlich, wichtig, wünschenswert) erhalten. In der folgenden Darstellung werden exemplarisch zwei unterschiedliche Relevanzgewichtungen vorgenommen, die gemeinsam mit einem Institut der industriellen Gemeinschaftsforschung (gekennzeichnet als "A") und einer Vertragsforschungseinrichtung einer Universität (gekennzeichnet durch "B") entwickelt wurden.

Damit ist klar, daß die Leistungskriterien nicht als schematisiertes Meßverfahren und nicht als Instrument zum Vergleich von Instituten genutzt werden können, sondern einen *Leitfaden* zur *einzelfallgerechten Analyse* von *Einrichtungen der wirtschaftsnahen Forschung* bilden: Dabei wird davon ausgegangen, daß im Falle der Anwendung dieses Leitfadens ein *unabhängiger Evaluator* gemeinsam *mit dem* betroffenen *Institut und dem forschungs- und technologiepolitischen Förderer* (hier: Wirtschaftsministerium) geeignete Indikatoren und Gewichtungen zur Bewertung auswählt und festlegt.

4.2.1 Leistungskriterium 1: Strategische Geschäftsfeldplanung und industrieller Bedarf

Die 90er Jahre sind gekennzeichnet von einer Dynamisierung der Weltmärkte und von einem tiefgreifenden industriellen Strukturwandel. In dieser Situation müssen Einrichtungen der wirtschaftsnahen Forschung größte Sensibilität für den mittelfristigen technologischen Unterstützungsbedarf des betreuten industriellen Sektors entwickeln und ihre strategische Geschäftsfeldplanung daran orientieren. Die Kohärenz von Geschäftsfeldplanung und Unterstützungsbedarf der Industrie bildet das erste Leistungskriterium; es korrespondiert insbesondere mit den Erfolgsfaktoren "Strategische Orientierung" (siehe *Abschnitt 4.1.1*) und "Industriebindung" (siehe *Abschnitt 4.1.3*). Folgende Fragen sind zu beantworten und die Antworten zu belegen (vgl. *Tabelle 4.2.1*):

Werden aktuelle und absehbare Marktentwicklungen hinreichend beachtet (Beschaffungsmärkte und Angebotsmärkte)?

Der Nutzen und die Bedeutung von Technologieentwicklungen, die eine wirtschaftsnahe Forschungseinrichtung verfolgt, werden wesentlich von der Dynamik der Märkte geprägt, auf denen die zugehörige Industrie tätig ist. Ein Institut muß überzeugend klarstellen, daß es in dieser Hinsicht exzellent informiert ist (*Relevanz A: unerläßlich; B: unerläßlich*).

Werden aktuelle und absehbare Technologieentwicklungen (auch im Umfeld) hinreichend beachtet?

Die vorausschauende Technologiebeobachtung ist eine *conditio sine qua non* der wirtschaftsnahen Forschung; Schwierigkeiten kann die Technologiebeobachtung "im Umfeld" bereiten, da nicht immer offensichtlich ist, welche zunächst ferner liegende Technik durch neue Leistungsparameter in das vom Institut betreute Technologiefeld unerwartet eindringen und dort revolutionierend und/oder substitutiv wirken kann (*Relevanz A: unerläßlich; B: unerläßlich*).

Reagiert das Institut frühzeitig mit neuen Themen auf (nicht technische) globale, soziale, politische, ökologische Trends?

Märkte werden nicht nur durch Konkurrenz und Technologie, sondern auch durch veränderte Kundenerwartungen und gewandelte politische Rahmenbedingungen determiniert. Dies kann weitreichende Konsequenzen für erforderliche Technologieentwicklungen haben; so können etwa veränderte ökologische Orientierungen und Standards die Entwicklung radikaler technologischer Alternativen erforderlich machen. Einrichtungen der wirtschaftsnahen Forschung müssen solche Entwicklungen aufmerksam verfolgen und ggf. frühzeitig darauf reagieren (*Relevanz A: unerläßlich; B: wünschenswert*).

Tab. 4.2.1:	Leistungskriterium 1: Kohärenz von strategischer Geschäftsfeldplanung und technologischem Unterstützungsbedarf des industriellen Sektors		
	Elemente	Relevanz	
		A	B
1	Werden aktuelle und absehbare Marktentwicklungen hinreichend beachtet (Beschaffungsmärkte und Angebotsmärkte)?	■	■
2	Werden aktuelle und absehbare Technologieentwicklungen auch im Umfeld hinreichend beachtet?	■	■
3	Reagiert das Institut frühzeitig mit neuen Themen auf (nicht technische) globale, soziale, politische, ökologische Trends ?	■	□
4	Nimmt das Institut aktiv Einfluß auf die technologischen Zielsetzungen der Wirtschaft (Sensibilisierung für technologische Herausforderung) ?	■	■
5	Entspricht die strategische Geschäftsfeldentwicklung (Forschungsgruppen, Leistungsangebote) den Herausforderungen der Elemente 1 - 4 ?	■	■
6	Entspricht das technologische und industrielle "networking" (strategische Allianzen etc.) den Herausforderungen der Elemente 1 - 4 ?	■	■
	Relevanz: ■ = unerläßlich ▪ = wichtig □ = wünschenswert		

Nimmt das Institut aktiv Einfluß auf die technologischen Zielsetzungen der Wirtschaft?

Die Praxis zeigt, daß nur wenige Unternehmen der Wirtschaft mittel- und langfristig technologisch vorausplanen; dies gilt insbesondere für kleine und mittlere Unternehmen. Wenn eine Einrichtung der wirtschaftsnahen Forschung die drei vorangegangenen Fragen mit einem deutlichen "ja" beantworten kann, ist sie in der Lage, die Unternehmen frühzeitig auf voraussichtliche Entwicklungen und damit verbundene technologische Herausforderungen aufmerksam zu machen. Ein Institut sollte diese Rolle aktiv wahrnehmen (*Relevanz A: unerläßlich; B: unerläßlich*).

Entspricht die strategische Geschäftsfeldentwicklung den Herausforderungen der Elemente 1 bis 4?

Ein positiver Umgang mit den oben behandelten Elementen 1 bis 4 sollte in mittelfristig angelegte Konzepte zum Neuaufbau, zum Ausbau oder auch zur Schließung von Forschungsgruppen und damit zur Anpassung und Weiterentwicklung der Leistungsangebote des Institutes führen (*Relevanz A: unerläßlich; B: unerläßlich*).

Entspricht das technologische und industrielle "networking" (strategische Allianzen etc.) den Herausforderungen der Elemente 1 bis 4?

Aus einer Reihe von Gründen (u.a. verkürzte Produktlebenszyklen, erhöhter Aufwand für Forschung und Entwicklung, zunehmende Technologieverflechtung) wird es für Einrichtungen der wirtschaftsnahen Forschung immer wichtiger, komplementäre Leistungspotentiale externer Partner (Forschungsinstitute und Unternehmen) zu nutzen, um das eigene Leistungsangebot attraktiver zu machen. Dies setzt voraus, daß das Institut sich aktiv darum bemüht, Netzwerke geeigneter Partner aufzubauen und zu pflegen. Das Institut sollte den Nachweis erbringen, daß es sich aktiv um die Herstellung solcher strategischen Verbindungen bemüht (*Relevanz A: unerläßlich; B: unerläßlich*).

4.2.2 Leistungskriterium 2: Wissenschaftlich-technologische Kompetenz

Die wissenschaftlich-technologische Kompetenz einer Einrichtung der wirtschaftsnahen Forschung bildet die Basis ihrer Leistungsfähigkeit. Sie wird durch langjährige Tätigkeit und entsprechende Erfahrungen erworben und muß ständig erweitert und erneuert werden. Die zwei wichtigsten Herausforderungen an die wissenschaftlich-technologische Kompetenz von Einrichtungen der wirtschaftsnahen Forschung bestehen heute einerseits in der zunehmenden Technologieverflechtung, d.h. dem Erfordernis der Integration heterogener Technologien in einem innovativen Produkt oder Verfahren und andererseits in der zunehmenden Wissenschaftsbindung technologischer Innovationen, d.h. der wachsenden Bedeutung von Ergebnissen der anwendungsorientierten Grundlagenforschung auch für die Industrie. Vor diesem Hintergrund bildet der Nachweis ausreichender und zukunftsorientierter wissenschaftlich-technologischer Kompetenz das zweite Leistungskriterium; es korrespondiert insbesondere mit den Erfolgsfaktoren "Technologiemanagement" (siehe *Abschnitt 4.1.2*) und "Wissenschaftsbindung" (siehe *Abschnitt 4.1.4*). Folgende Fragen sind zu beantworten und die Antworten zu belegen (vgl. *Tabelle 4.2.2*):

Ist das Institut hinreichend in der (inter)nationalen Fachöffentlichkeit präsent?

Fachöffentliche Anerkennung der Arbeiten eines Instituts, große Reputation bei den Fachkollegen, Präsenz in der wissenschaftlich-technologischen Öffentlichkeit auf Tagungen, durch Publikationen und vor allem durch aktive Mitgliedschaft in Fachgremien sind entscheidende Indikatoren für die Kompetenz eines Instituts (*Relevanz A: unerläßlich; B: unerläßlich*).

Hat das Institut in den vergangenen zehn Jahren bedeutende wissenschaftliche Erkenntnisse hervorgebracht?

Zwar ist die Produktion wissenschaftlicher Erkenntnis nicht die wichtigste Aufgabe der wirtschaftsnahen Forschung, doch muß sie wenigstens über Anschlußstellen zum Wissenschaftssystem und zur anwendungsorientierten Grundlagenforschung verfügen. Der Austausch zwischen Wissenschaft und angewandter Technologieentwicklung ist nicht zuletzt ein Kommunikationsproblem, das am besten dadurch überwunden werden kann, daß die Technologieentwickler der wirtschaftsnahen Forschung wenigstens partiell an der Wissenschaftsproduktion teilhaben, sei es durch entsprechende Eigenprojekte im Institut oder durch Kooperationen mit Wissenschaftseinrichtungen (*Relevanz A: wichtig; B: wichtig*).

Tab. 4.2.2: Leistungskriterium 2: Wissenschaftlich-technologische Kompetenz		
Elemente	**Relevanz**	
	A	**B**
1 Ist das Institut hinreichend in der (inter-) nationalen Fachöffentlichkeit präsent (z.B. Publikationen, Fachgremien, Tagungen)?	■	■
2 Hat das Institut in den vergangenen zehn Jahren bedeutende wissenschaftliche Erkenntnisse hervorgebracht ?	·	·
3 Hat das Institut in den vergangenen fünf Jahren bedeutende technologische Entwicklungen hervorgebracht ?	■	·
4 Wann und wie erfolgte der Einstieg in neue Technik-/Technologiefelder (frühzeitig/aktiv vs. spät/ reaktiv) ?	■	■
5 Kooperiert das Institut hinreichend mit Hochschulen (Uni/FH) und anderen wissenschaftlichen Einrichtungen ?	·	■
6 Ist das Institut Initiator / Koordinator bedeutender nationaler, internationaler Verbundforschungsprojekte ?	·	■
Relevanz: ■ = unerläßlich · = wichtig □ = wünschenswert		

Hat das Institut in den vergangenen fünf Jahren bedeutende technologische Entwicklungen hervorgebracht?

In ihren spezifischen Tätigkeitsfeldern sollten staatlich geförderte Einrichtungen der wirtschaftsnahen Forschung zu den unbestritten führenden Technologieentwicklern gehören; dies erleichtert die Rechtfertigung ihrer Förderung. Wenn ein Institut diese führende Rolle tatsächlich einnimmt, kann erwartet werden, daß es nachweisbar technologische Entwicklungen hervorbringt, die von Partnern in der Industrie als bedeutsam erachtet werden (*Relevanz A: unerläßlich; B: wichtig*).

Wann und wie erfolgt der Einstieg in neue Technologiefelder?

Aus dem Innovationsmanagement sind unterschiedliche Strategien des Umgangs mit neuen Technologien bekannt: Die Frage ist durchaus nicht trivial, ob ein Unternehmen sich zur risikoreichen Strategie der technologischen Führerschaft entschließen oder die weniger riskanten, aber u.U. auch weniger ertragreichen Strategien der schnellen oder sogar der späten Folgerschaft einschlagen soll. Einrichtungen der wirtschaftsnahen Forschung sollten diesem Kalkül nur im Fall außergewöhnlichen Risikos folgen; im Prinzip ist die Bereitschaft zum ökonomischen Risiko eine konstitutive Anforderung an diese Einrichtungen; sie erhalten staatliche Fördermittel nicht zuletzt deshalb, um den Industrieunternehmen Entwicklungsrisiken abzunehmen. Der frühzeitige und aktive Einstieg in ein neues Technologiefeld, von dem angenommen werden kann, daß es für die betreuten Industrien große Bedeutung erlangen wird, ist daher ein wichtiger Nachweis für die wissenschaftlich-technologische Kompetenz einer Einrichtung (*Relevanz A: unerläßlich; B: unerläßlich*).

Kooperiert das Institut hinreichend mit Hochschulen und anderen wissenschaftlichen Einrichtungen?

Solche Kooperationen sind ein wichtiges Element der "Wissenschaftsbindung" der wirtschaftsnahen Forschung. Praktisch geht es hier um Projektkooperationen, Personaltransfer und/oder um institutionelle Verflechtungen (*Relevanz A: wichtig; B: unerläßlich*).

Ist das Institut Initiator oder Koordinator bedeutender nationaler oder internationaler Verbundforschungsprojekte?

Größere Verbundforschungsvorhaben mehrerer Partner sind ihrem Inhalt nach häufig anspruchsvoller als die "alltägliche" Entwicklungsarbeit der wirtschaftsnahen Forschung. Wenn eine Einrichtung eine initiative oder führende Rolle in einem Verbundforschungsvorhaben einnimmt, kann dies als deutlicher Hinweis auf seine wissenschaftlich-technologische Kompetenz gewertet werden (*Relevanz A: wichtig; B: unerläßlich*).

4.2.3   Leistungskriterium 3: Wirtschaftlicher Problemlösungserfolg

Der zentrale Zweck staatlich geförderter Einrichtungen der wirtschaftsnahen Forschung ist es, erkennbare Beiträge zur Lösung von Problemen bei der Realisierung von technologischen Innovationen in der Industrie zu leisten. Technologische Kompetenz und wissenschaftliche Reputation bleiben wirkungslos, wenn sie nicht in reale Problemlösungen münden, die für Unternehmen der Wirtschaft nützlich sind; dies gilt insbesondere für kleine und mittlere Unternehmen, deren eigene Forschungs- und Entwicklungskapazitäten i.d.R. nicht ausreichen, technologische Ergebnisse der Entwicklungsarbeit eines Instituts so zu verwerten, daß sie wirtschaftlichen Nutzen erzielen. Das Leistungskriterium "wirtschaftlicher Problemlösungserfolg" korrespondiert insbesondere mit den Erfolgsfaktoren "Technologiemanagement" (siehe *Abschnitt 4.1.2*), "Industriebindung" (siehe *Abschnitt 4.1.3*) und "Kommunikative Kompetenz" (siehe *Abschnitt 4.1.5*). Folgende Fragen sind zu beantworten und die Antworten zu belegen (vgl. *Tabelle 4.2.3*):

In welchen Phasen des Innovationsprozesses ist das Institut schwerpunktmäßig tätig?

Die Antworten auf diese Frage liefern erste Hinweise darauf, welche Rolle der wirtschaftliche Problemlösungserfolg in der Arbeit eines Instituts spielt. Die Einbeziehung von Grundlagenforschung in den Innovationsprozeß kann, wie bereits ausgeführt, wichtig sein, spielt für die praktische Problemlösung aus der Perspektive eines Unternehmens jedoch i.d.R. eine untergeordnete Rolle (*Relevanz A: wünschenswert; B: wünschenswert*). Angewandte Forschung und Entwicklung bilden definitionsgemäß den Kern der Tätigkeiten wirtschaftsnaher Forschungseinrichtungen; hier soll ein Institut solche Arbeiten realisieren, die industrielle Auftraggeber selbst nicht durchführen können oder wollen (*Relevanz A: unerläßlich; B: unerläßlich*). Im Falle der aktiven Mitwirkung an der industriellen Realisierung einer technologischen Innovation trägt ein Institut besonders aktiv zum Problemlösungserfolg im Unternehmen bei; gleichzeitig trifft es hier aber auch auf die Grenzen seines definierten Tätigkeitsfeldes (*Relevanz A: wichtig; B: wünschenswert*). Grundsätzlich sollte ein Institut seine Tätigkeiten nicht auf nur eine einzige der genannten Phasen des Innovationsprozesses beschränken; das Ausmaß der Verknüpfung aller Phasen kann als Hinweis auf die Kompetenztiefe der Einrichtung gewertet werden.

Tab. 4.2.3: Leistungskriterium 3: Wirtschaftlicher Problemlösungserfolg		
Elemente	**Relevanz**	
	A	**B**
1 In welchen Phasen des Innovationsprozesses ist das Institut schwerpunktmäßig tätig ?		
◆ Grundlagenforschung	□	□
◆ angewandte Forschung	■	■
◆ Entwicklung	■	■
◆ industrielle Realisierung	•	□
2 Realisiert das Institut hinreichend industriell gewünschte Systemlösungen ?	■	■
3 Werden industrielle Aufträge qualitativ zufriedenstellend erfüllt?	■	■
4 Hat das Institut einen festen Kundenstamm (davon Anteil KMU) ?	■	•
5 Wurden in den vergangenen 5 Jahren neue Kunden in der Wirtschaft gewonnen?	■	■
6 Koordiniert und vermittelt das Institut erfolgreich zwischen Problemstellungen verschiedenartiger industrieller Partner?	•	•
7 Werden erfolgreich innovationsunterstützende Dienstleistungen erbracht?	•	•
8 Erfolgt ein Know-how-Transfer durch Personaltransfer in die Wirtschaft ?	□	■

Relevanz: ■ = unerläßlich   • = wichtig   □ = wünschenswert

Realisiert das Institut hinreichend industriell gewünschte Systemlösungen?

Immer häufiger reicht es aus der Perspektive der Industrie nicht aus, allein den technologischen Kern einer gestellten Aufgabe zu lösen, sondern es wird erwartet, daß diese Problemlösung auch systemfähig gemacht wird: Die Implementation, die Nutzung und auch die Reparaturfähigkeit der technischen Lösung (sei es ein Verfahren oder ein Produkt) sollen ebenfalls Gegenstand der Leistung der wirtschaftsnahen Forschungseinrichtungen sein (*Relevanz A: unerläßlich; B: unerläßlich*).

Werden industrielle Aufträge qualitativ zufriedenstellend erfüllt?

Die Zufriedenheit von Kunden aus der Wirtschaft ist überlebenswichtig für wirtschaftsnahe Forschungseinrichtungen. Industrielle Qualitätserwartungen verändern sich mit gewandelten Marktbedingungen; auch wenn industrielle Auftraggeber bisher zufrieden gestellt werden konnten, ist dies keine Garantie dafür, daß dasselbe noch in der Zukunft gelingt. Hier sind aktuelle Belege für die Kundenzufriedenheit beizubringen (*Relevanz A: unerläßlich; B: unerläßlich*).

Hat das Institut einen festen Kundenstamm in der Wirtschaft (davon Anteil KMU)?

Dauerhafte Beziehungen zu industriellen Kunden sind ein besonders überzeugender Beleg für die Fähigkeit des Instituts, wirtschaftliche Problemlösungen zu erzielen. Auftraggeber, deren Erwartungen positiv erfüllt wurden, werden die Zusammenarbeit mit dem Institut immer wieder suchen. Große Unternehmen verfügen dabei eher über die Möglichkeit, bestimmte Problemlösungen auch von anderen Partnern (z.B. anderen Unternehmen, Instituten im Ausland) bearbeiten zu lassen als von dem in Frage stehenden Institut; der Anteil kleiner und mittlerer Unternehmen am festen Kundenstamm eines Instituts kann daher als ganz besonderer Beleg für die Verläßlichkeit der Einrichtung aus der Perspektive der Wirtschaft angesehen werden (*Relevanz A: unerläßlich; B: wichtig*).

Wurden in den vergangenen fünf Jahren neue Kunden in der Wirtschaft gewonnen?

Die Erschließung neuer Partner in der Wirtschaft ist ebenso wichtig wie die Pflege vorhandener Kooperationsbeziehungen. Dies trifft besonders dann zu, wenn eine wirtschaftsnahe Forschungseinrichtung mit Anwendungen von Schlüsseltechnologien befaßt ist; solche Technologien treffen auf ihrer historischen Entwicklungsbahn (Trajektorie) auf immer neue Anwendungsmöglichkeiten; sie entwickeln sich damit also auch quer zu industriellen Sektoren; ein Institut kann diese Entwicklungspotentiale ausschöpfen und wird dabei die Grenzen der angestammten Sektoren überschreiten. Dieser Sachverhalt kann als ein Beleg dafür gewertet werden, daß ein Institut die Dynamik der industriellen und technologischen Entwicklung aktiv aufgegriffen hat (*Relevanz A: unerläßlich; B: unerläßlich*).

Koordiniert und vermittelt das Institut erfolgreich zwischen Problemstellungen verschiedenartiger industrieller Partner?

Eine Einrichtung der wirtschaftsnahen Forschung kann dann als besonders erfolgsreich vernetzt in industriellen Strukturen gelten, wenn sie nicht nur bilaterale Beziehungen zu einzelnen Unternehmen pflegt, sondern auf der Grundlage ihrer Kenntnisse der Stärken und Schwächen einzelner Unternehmen und der verschiedenartigen technologischen Erfordernisse unterschiedlicher Unternehmen multilateral zwischen diesen vermittelt. Das Institut kann auf diese Weise u.a. die Bildung von Konsortien zur Vergabe von Gemeinschaftsentwicklungsaufträgen bewirken oder Partner mit komplementären Stärken zusammenzubringen (*Relevanz A: wichtig; B: wichtig*).

Erbringt das Institut erfolgreich innovationsunterstützende Dienstleistungen?

Innovationsunterstützende Dienstleistungen sind Hilfen, die die Realisierung der eigentlichen technisch-ökonomischen Innovation erleichtern sollen. Wirtschaftsnahe Forschungseinrichtungen, die einen wirklichen Problemlösungserfolg für ihre industriellen Partner anstreben, bieten Beratungsleistungen an, etwa über die Risiken, Erfolgschancen, sachlichen und finanziellen oder auch rechtlichen Voraussetzungen geplanter Innovationsvorhaben; solche Leistungen können sowohl auf vertraglicher Basis, d.h. bezahlt, als auch informell erfolgen. Zielgruppenorientierte Seminare oder "Awareness-"Veranstaltungen zu den Potentialen neuer Technologien tragen ebenfalls Beratungscharakter. Eine ähnliche Funktion können an die Industrie gerichtete Weiterbildungsmaßnahmen erfüllen (*Relevanz A: wichtig; B: wichtig*).

Erfolgt ein Know-how-Transfer durch Personaltransfer in die Wirtschaft?

Eine besonders effektive Form des Transfers von modernstem technologischen Knowhow in Unternehmen der Wirtschaft ist der "Transfer über Köpfe": Wissenschaftler oder Ingenieure aus der wirtschaftsnahen Forschung wechseln in FuE-Laboratorien oder das Innovationsmanagement eines industriellen Unternehmens; häufig erfolgt dies, nachdem der Betreffende während seiner Tätigkeit im Institut einen weiteren qualifizierenden Abschluß erworben hat (z.B. die Promotion) und/oder nachdem eine Reihe von Aufträgen oder Kooperationsprojekten mit einem Unternehmen erfolgreich abgeschlossen wurde. Dieses Modell ist besonders interessant für solche Institute, die intensiv an der Ausbildung und Qualifizierung junger Wissenschaftler und Ingenieure systematisch beteiligt sind, also etwa Vertragsforschungseinrichtungen an Universitäten, zu einem beträchtlichen Ausmaß auch Institute der Fraunhofer-Gesellschaft. Institute der industriellen Gemeinschaftsforschung, die diese Art von Personaldurchlauf weniger betreiben, betrachten den Personaltransfer dementsprechend als einen nur weniger wichtigen Beitrag zum wirtschaftlichen Problemlösungserfolg (*Relevanz A: wünschenswert; B: unerläßlich*).

4.2.4 Leistungskriterium 4: Ertragslage

Einrichtungen der wirtschaftsnahen Forschung sollen den überwiegenden Teil ihres Budgets durch Erträge aus der Vertragsforschung erwirtschaften; ein nennenswerter Anteil der Erträge soll durch Aufträge unmittelbar aus der Wirtschaft erzielt werden. Land und/oder Bund fördern eine Einrichtung institutionell (d.h. durch Grundfinanzierung) nur dann, wenn diese Anforderungen erkennbar erfüllt werden (Ausnahmen: Institute in Gründungs- und in Umstrukturierungsphase). Eine positive Ertragslage ist daher ein grundlegendes Leistungskriterium; es korrespondiert insbesondere mit dem Erfolgsfaktor "Finanzierung" (siehe *Abschnitt 4.1.9*). Folgende Kernfrage ist zu beantworten (vgl. *Tabelle 4.2.4*):

War die Ertragslage des Instituts in den letzten fünf Jahren aufgabengemäß?

Hier wird nach den Finanzquellen und nach den Ertragsarten des Instituts gefragt. Die wichtigsten *Finanzquellen* sind regelmäßige Grundfinanzierungen durch Land und/oder Bund, Sonderzuwendungen (zumeist für Investitionen) durch Land und/oder Bund, Aufträge aus der Wirtschaft, Projekte der industriellen Gemeinschaftsforschung, Projekte aus Bundes- und Länderprogrammen, Projekte aus internationalen Programmen (z.B. Forschungsrahmenprogramm der Europäischen Union; EUREKA) oder von Stiftungen der Forschungsförderung unterstützte Projekte. Gefragt wird hier nach dem relativen Anteil dieser Finanzquellen am Budget der Einrichtungen und danach, wie diese sich im Zeitverlauf entwickeln. Der Anteil von Aufträgen aus der Wirtschaft gilt als der "härteste" Indikator für die Wirtschaftsorientierung eines Instituts; da die Aufgabenstellungen und Tätigkeitsgebiete der einzelnen Einrichtungen der wirtschaftsnahen Forschung sehr unterschiedlich sind, muß hier auf die Angabe eines generellen Richtwertes zum Anteil der Wirtschaftsaufträge verzichtet werden (eine verbreitete

Tab. 4.2.4: Leistungskriterium 4: Ertragslage

Elemente	%	Tendenz
1 War die Ertragslage des Instituts in den letzten fünf Jahren aufgabengemäß?		
⇨ **Finanzquellen des Instituts:**		
♦ Grundfinanzierung Land / Bund (regelmäßig)		
♦ Sonderzuwendungen (Land / Bund)		
♦ Aufträge aus der Wirtschaft, davon KMU-Anteil		
♦ Projekte der ind. Gemeinschaftsforschung		
♦ Projekte aus Bund- und Länderprogrammen		
♦ Projekte aus internationalen Programmen		
♦ Stiftungsprojekte u.a.		
⇨ **Ertragsarten des Instituts (außer institutioneller Förderung):**		
♦ FuE-Aufträge		
♦ Konstruktion		
♦ Beratung/ technisch-ökonomischen Studien		
♦ Weiterbildung und Schulung		
♦ Lizenzen und Produkte		
♦ Wartungsleistungen und sonstige Leistungen		

Daumenregel besagt allerdings, daß etwa ein Drittel der Erträge aus der Vertragsforschung von Auftraggebern aus der Wirtschaft stammen sollte). Angemessener ist die Festlegung individueller Richtwerte zur Höhe der Wirtschaftserträge für jedes einzelne Institut; solche Festlegungen sollten zwischen der Forschungseinrichtung, den institutionellen Förderern (Land und/oder Bund) und den Aufsichtsgremien der Forschungseinrichtungen (z.B. Kuratorium) abgestimmt werden. Die wichtigsten *Ertragsarten* eines Instituts der wirtschaftsnahen Forschung sind - neben der institutionellen Förderung - Forschungs- und Entwicklungsaufträge, Konstruktionsaufträge, Einnahmen aus Beratungsleistungen und für technisch-ökonomische Studien, aus Weiterbildungs- und Schulungsmaßnahmen, aus der Vergabe von Lizenzen und dem Verkauf von Produkten und für Wartungs- und sonstige Leistungen. Auch hier wird nach dem relativen Anteil der Ertragsart am Budget und nach der Entwicklung dieser Anteile im Zeitverlauf (vgl. *Tabelle 4.2.4)* gefragt. Erträge aus FuE-Aufträgen sollten aufgabengemäß den größten Anteil einnehmen. Erkennbare Anteile der übrigen Posten sind allerdings ebenfalls wünschenswert; sie zeigen im Sinne des Erfolgsfaktors "Industriebindung" (siehe *Abschnitt 4.1.3)* an, wie intensiv die Kooperationsbeziehungen des Instituts mit Unternehmen der Wirtschaft entwickelt sind. Bei der Bewertung der Ertragslage sollte auch auf ein ausgewogenes Verhältnis der *Auftragsgrößen* (zeitlich/finanziell) geachtet werden: Eine Abhängigkeit von wenigen Großaufträgen ist ebenso problematisch wie ein Überwiegen vieler Kleinaufträge.

4.2.5 Leistungskriterium 5: Humanressourcen und wissenschaftlich-technische Ausstattung

Die Leistungsfähigkeit der Mitarbeiter und die Qualität der wissenschaftlich-technischen Ausstattung determinieren den Erfolg einer wirtschaftsnahen Forschungseinrichtung wesentlich. Ihre Beschaffenheit wird hier als Leistungskriterium, also auch als Resultat und nicht nur als Voraussetzung der Tätigkeit eines Instituts behandelt, weil sie davon abhängig ist, ob das Institutsmanagement rechtzeitig "die Weichen" zu ihrer Entwicklung "gestellt hat": Dieses Leistungskriterium korrespondiert vor allem mit den Erfolgsfaktoren "Strategische Orientierung" (siehe *Abschnitt 4.1.1)*, "Humanressourcen" (siehe *Abschnitt 4.1.7)* und "Wissenschaftlich-technische Ausstattung" (siehe *Abschnitt 4.1.8)*. Folgende Fragen sind zu beantworten und die Antworten zu belegen (vgl. *Tabelle 4.2.5)*:

Tab. 4.2.5: Leistungskriterium 5: Humanressourcen und wissenschaftlich-technische Ausstattung

	Elemente
1	**Besitzt das Institut (die Arbeitsgruppen) die kritische Masse in bezug auf Humanressourcen ?**
	Personalstruktur:
	◆ interdisziplinäre Struktur der "professionals" (Wiss., Ing.)
	◆ geeignetes Verhältnis professionals/Techniker/Assistenzkräfte
	◆ interne Personaleinsatzflexibilität
	◆ "ausgewogene" Altersstruktur
	◆ "ausgewogene" Personalerneuerungsrate
2	**Besitzt das Institut die kritische Masse in bezug auf wissenschaftlich-technische Ausstattung ?**
	⇨ **Geeignete Technische Ausrüstung** (EDV, Labors, Meß- & Prüfeinheiten, Werkstätten und Produktionstechnik)? Anteil der Investitionen am Etat? Sachspenden aus der Industrie?
	⇨ **Wissenschaftliche, informatorische Ausstattung** (Datenbanken, Bibliothek, Zugriff auf externe Bibliotheksbestände)?

Besitzt das Institut die "kritische Masse" in bezug auf Humanressourcen?

Zu fragen ist, ob das Institut bzw. seine Forschungsgruppen eine Personalstruktur aufweisen, die geeignet ist, den Herausforderungen, wie sie mit den Leistungskriterien "Strategische Geschäftsfeldplanung und industrieller Bedarf", "Wissenschaftlich-technologische Kompetenz" und "Wirtschaftlicher Problemlösungserfolg" erfaßt werden, gerecht zu werden. Zu prüfen ist dabei vor allem, ob die interdisziplinäre Zusammensetzung der "professionals" (Wissenschaftler und Ingenieure) adäquat ist, ob das quantitative Verhältnis von "professionals", Technikern und Assistenzkräften aufgabengerecht ist, ob das Personal hinreichend flexibel einsetzbar ist, ob die Altersstruktur der Mitarbeiterschaft "ausgewogen" ist und ob die Rate der Personalerneuerungen durch Zugänge und Abgänge als befriedigend gelten kann. Welche Personalstruktur die Aufgabenerledigung eines Instituts am besten unterstützt, kann nicht generell festgelegt, sondern muß im Einzelfall bestimmt werden.

Besitzt das Institut die "kritische Masse" in bezug auf die wissenschaftlich-technische Ausstattung?

Hier ist die Eignung der technisch-apparativen Ausrüstung der wirtschaftsnahen Forschungseinrichtungen (EDV, Labors, Meß- und Prüfeinheiten, Werkstätten und Produktionstechnik) zu bewerten. Dabei sollte mit Blick auf zukünftige Aufgaben des Instituts auch die Investitionsplanung untersucht werden; der Anteil von Investitionsmitteln am Etat im Zeitverlauf einschließlich der Planwerte für die Folgejahre ist ein erster Hinweis auf die Anstrengungen eines Instituts, eine zukunftsorientierte technische Ausstattung vorzuhalten. Wertvolle Sachspenden der Industrie (z.B. Produktionstechnik) können ein Hinweis auf das Interesse und das Vertrauen sein, das industrielle Unternehmen in die Arbeit des Instituts setzen. In gleicher Weise kritisch zu überprüfen ist die Eignung der wissenschaftlichen und informatorischen Ausstattung des Instituts (Datenbanken, Bibliothek, Zugriff auf externe Datenbanken und Bibliotheken etc.).

4.3   Resümee

Die Erfolgskontrolle von Einrichtungen der wirtschaftsnahen Forschung verlangt ein einzelfall- und kontextgerechtes Herangehen. Daher wurde in den vergangenen *Abschnitten 4.1* und *4.2* bewußt zwischen Erfolgsfaktoren und Leistungskriterien, die sich durchaus überlappen, unterschieden (vgl. *Abbildung 4.3.1*):

Abb. 4.3.1: Zusammenwirken von Erfolgsfaktoren und Leistungskriterien
Erfolgs-
faktoren
Leistungs-
kriterien
Wirtschaftsnahe
Forschung
Voraussetzungen
Ergebnisse

● *Erfolgsfaktoren* beschreiben - nach dem gegenwärtigen Stand der Innovationsforschung, der Betriebswirtschaftslehre und der Evaluationsforschung - die wichtigsten Voraussetzungen für eine erfolgreiche Erfüllung der Aufgaben bzw. ein effektives Wirken von Einrichtungen der wirtschaftsnahen Forschung. Zu diesen Erfolgsfaktoren gehören nach unserer Auffassung die strategische Orientierung eines Instituts, die Qualität seines Technologiemanagements, das Ausmaß und die Intensität seiner Industriebindung, die Qualität seiner Wissenschaftsbindung, die "kommunikative Kompetenz" des Instituts, die Organisation und das Management der Einrichtungen, seine Humanressourcen und wissenschaftlich/technische Ausstattung und die Art und der Umfang der Finanzierung des Instituts.

● *Leistungskriterien* erfassen einen Kern von Resultaten erfolgreicher Aufgabenerfüllung wirtschaftsnaher Forschungseinrichtungen in bezug auf ihren Beitrag zur Stärkung der Innovationsfähigkeit der (mittelständischen) Wirtschaft bzw. messen wichtige Ausschnitte der von einem Institut erzielten Wirkungen seiner Tätigkeit. Zu den entscheidenden Leistungskriterien gehören die Kohärenz von strategischer Geschäftsfeldplanung des Instituts und technologischem Unterstützungsbedarf des betreuten industriellen Sektors, die wissenschaftlich-technologische Kompetenz des Instituts, die erzielten wirtschaftlichen Problemlösungserfolge, die Ertragslage der Einrichtungen und die Humanressourcen sowie wissenschaftlich-technische Ausstattung des Instituts.

Es ist bewußt zu halten, daß die Forschungseinrichtungen sehr unterschiedliche Aufgaben wahrzunehmen haben und unter verschiedenartigen institutionellen Rahmenbedingungen arbeiten! Die vorgeschlagenen Erfolgsfaktoren und Leistungskriterien sind deshalb einzelfallgerecht zu gewichten. Die einzelnen Elemente der Erfolgsfaktoren wurden in der vorausgegangenen Darstellung mit durchschnittlichen Gewichtungen versehen. Im Falle der Leistungskriterien wurden die einzelnen Elemente aus der Sicht eines Instituts der industriellen Gemeinschaftsforschung und aus der Sicht eines Vertragsforschungsinstituts an der Universität gewichtet. Die Diskussionen mit den beiden Instituten unterstrichen, daß Erfolgsfaktoren als auch Leistungskriterien in Abhängigkeit von den spezifischen Aufgaben und Arbeitsfeldern der zu bewertenden wirtschaftsnahen Forschungseinrichtungen modifiziert werden müssen. Ein schematisches Vorgehen, verkürzte bzw. oberflächliche Bewertungen oder gar schlichte Vergleiche mehrerer Institute anhand weniger Indikatoren der Erfolgsfaktoren und Leistungskriterien sind absolut zu vermeiden: auch würden sie nicht die Akzeptanz bei Forschung und Wirtschaft finden.

Man darf auch nicht der Illusion verfallen, daß die Leistung einer Forschungseinrichtung "objektiv" meßbar wäre; *Kapitel 2* und *Kapitel 3* des vorliegenden Bandes haben gezeigt, daß es weder allgemein anerkannte, exakt definierte Aufgabenbeschreibungen für die wirtschaftsnahe Forschung gibt noch breit akzeptierte präzise Bewertungsverfahren. Die hier praktizierte parallele Entwicklung aufeinander verweisender Erfolgsfaktoren und Leistungskriterien soll diesen Mangel an "objektiven" Verfahren wenigstens teilweise kompensieren: Die vorgeschlagenen Leistungskriterien sind nicht ohne eine qualifizierte und einzelfallgerechte Analyse und umfassende Würdigung der Leistungsfähigkeit eines Instituts im Sinne der Erfolgsfakoren anzuwenden.

Die durchgeführten Fallstudien (vgl. *Anhang*), die insbesondere der Überprüfung der Praktikabilität der erarbeiteten Leistungskriterien dienten, zeigten, daß die Leistungskriterien als Leitfaden zur Bewertung wirtschaftsnaher Forschungsinstitute prinzipiell relevant bzw. realitätsnah sind: über die Hälfte der Leistungskriterien sind aus der Sicht beider (o.g.) Institute unerläßlich (Relevanzgewichtung) für die Beurteilung der Leistungsfähigkeit entsprechender Einrichtungen. Bestätigt wurde auch, daß es bezogen auf die Leistungskriterien ein individuelles Relevanzprofil der Institute in Abhängigkeit von dem Aufgabenspektrum und den Rahmenbedingungen gibt. Die durchgeführten Interviews zeigten außerdem, daß es ein individuelles Relevanzprofil der Forschungsgruppen gibt.

Weiterhin ergaben die Fallstudien, daß sich der Anwender des Leitfadens, infolge gewisser (gewollter) Überschneidungen der Leistungskriterien, Klarheit darüber verschaffen muß, welches "Fenster" er mit welchem Leistungskriterium konkret öffnen und/oder ob er gegebenenfalls bestimmte Leistungen des Instituts aus dem Blickwinkel unterschiedlicher Leistungskriterien bewerten möchte. Es zeigten sich auch einige wenige Differenzen im Hinblick auf die gewählte Terminologie mit Konsequenzen für die getroffenen Einschätzungen. Solche begrifflichen Differenzen sind nicht völlig vermeidbar; künftige Evaluatoren sollten sich dessen bewußt sein und im Vorfeld einer Analyse institutsspezifisch das zugrundezulegende Verständnis klären.

In den Gesprächen mit den Instituten wurden punktuell Indikatoren für die Messung der Leistungskriterien benannt. Es wurde dabei deutlich, daß die Bewertung der Aufgabenerfüllung eines Instituts der wirtschaftsnahen Forschung die Anwendung eines breiten Spektrums von Indikatoren voraussetzt; es sind sowohl quantitative als auch qualitative Indikatoren möglich und notwendig zu bestimmen, wobei qualitative bei Evaluationen überwiegen werden. Die Auswahl und Gewichtung von Indikatoren zur Messung der Leistungskriterien muß ebenfalls einzelfallgerecht erfolgen.

Es sei an dieser Stelle noch einmal betont, daß es sich bei den beiden Fallstudien nicht um eigentliche, umfassende Evaluationen handelte; auch die von der Institutsleitung und den Forschungsgruppenleitungen vergebenen Relevanzen für die Leistungskriterien sind keine Wertungen des von diesen Einrichtungen erreichten Leistungsniveaus, sondern Einschätzungen darüber, welcher Aspekt wie wichtig im Falle einer Erfolgskontrolle wäre. Damit soll nicht geleugnet werden, daß es Querverbindungen zwischen vergebenen Relevanzen und subjektiven Wertungen der eigenen Arbeit gebe. Solche Querverbindungen sind hier aber nicht Gegenstand der Betrachtungen.

Mit den Fallstudien wurden letzlich drei Ergebnisse erzielt: Erstens, es erfolgte ein vertieftes Nachdenken über die Relevanz der Leistungskriterien auf Instituts- und Gruppenebene; zweitens, es wurden für Leistungskriterien exemplarisch Indikatoren vorgeschlagen (kein komplettes Set); drittens, die Leistungskriterien bzw. die Beantwortung einzelner Fragen (Elemente) wurde durch Beispiele untersetzt, es wurde damit gezeigt, wie im Rahmen einer Evaluation Belege qualitativer (weniger quantitativer) Art zu erbringen wären; der externe Evaluator hätte u.a. die Aufgabe, diese genauer nachzufragen.

Eine umfassende Erfolgskontrolle wirtschaftsnaher Forschungseinrichtungen - auch das haben die Fallstudien ergeben - erfordert ein wesentlich gründlicheres und damit aufwendigeres Vorgehen: Zunächst wäre der Leitfaden der Leistungskriterien durch unabhängige Evaluatoren, durch das betroffene Institut und durch den forschungs- und technologiepolitischen Förderer individuell zu modifizieren (Leistungskriterien und Indikatoren zur Bewertung auswählen und in ihrer Bedeutung gewichten). Auf dieser methodologischen Grundlage könnte die Evaluation, vor dem Hintergrund der Analyse der Erfolgsfaktoren (in den Fallstudien ausgeblendet) erfolgen.

Literaturverzeichnis

Anderson, J., 1989: New Approaches to Evaluation in UK Research Funding Agencies. The Science Policy Support Groups (SPSG). London

Armstrong, R.A., 1993: Evolution of Management Structure of RTOs. In: Kommission der Europäischen Gemeinschaften (Hg.): Konferenz "The Future of Research and Technology Organisations", Brüssel 16./17. November 1993 (Preprint)

Averch, H., 1991: The practice of research evaluation in the United States. In: Research Evaluation 1 (1991) 3, 130-136

Backes-Gellner, U., 1989: Ökonomie der Hochschulforschung. Organisationstheoretische Überlegungen und betriebswirtschaftliche Befunde. Wiesbaden

Bagger, Th., 1993: Strategische Technologien, internationale Wirtschaftskonkurrenz und staatliche Intervention. Baden-Baden

Barcelo, M., 1993: Competition and/or collaboration between regional and sector based RTOs. In: Kommission der Europäischen Gemeinschaften (Hg.): Konferenz "The Future of Research and Technology Organisations", Brüssel 16./17. November 1993 (Preprint)

Bauer, H.; Hannig, U., 1992: Kritische Erfolgsfaktoren deutscher Technologiezentren. Koblenz

Baur, R.; Hennig-Hager, U.; Meckel, H.; Wolff, H., 1989: Untersuchung der Industriellen Gemeinschaftsforschung in der Bundesrepublik Deutschland. Prognos AG. Basel

Bayerisches Wirtschaftsministerium, 1991: Technologiepolitik für Bayerns Zukunft. Innovationspolitisches Gesamtkonzept der Bayerischen Staatsregierung für die mittelständische Wirtschaft. München

Becher, G.; Kuhlmann, S., 1995: Evaluation of Technology Policy Programmes in Germany. Dordrecht

Becher, G.; Weibert, W., 1990a: Zwischenbilanz der einzelbetrieblichen Technologieförderung für kleine und mittlere Unternehmen in Baden Württemberg, Endbericht, Teil 2. Fraunhofer-Institut für Systemtechnik und Innovationsforschung ISI). Karlsruhe

Becher, G.; Weibert, W., 1990b: Technologiepolitik in Baden-Württemberg. In: Funck, R. (Hg.): Innovationschancen für Mittelstände. Beiträge zu den August-Lösch-Tagen 1988. Fraunhofer-Institut für Systemtechnik und Innovationsforschung (ISI). Karlsruhe

Bernschneider, W.; Schindler, G.; Schüller, J., 1991: Industriepolitik in Baden-Württemberg und Bayern. In: Jürgens, V.; Krumbein, W. (Hg.): Industriepolitische Strategien. Bundesländer im Vergleich. Berlin (WZB), 57-73

Bierhals, R.; Schmoch, U.; Nick, D.; Pilorget, L., 1994: Industrielles Nachfragepotential für BESSY- Synchrotronstrahlung - Ansatz zur Vernetzung von Grundlagenforschung und Industrie. Bericht des Fraunhofer-Instituts für Systemtechnik und Innovationsforschung (ISI). Karlsruhe

Bureau of Industry Economics (BIE) (Hg.), 1990: Evaluating CSIRO's Industrial Research: The Evaluation Framework. Canberra, Working Paper No. 68, BIE

Bureau of Industry Economics (BIE) (Hg.), 1992: Economic Evaluation of CSIRO's Industrial Research - Overview of Case Studies. Canberra, Research Report 39, Commonwealth of Australia

Bleicher, F., 1990: Effiziente Forschung und Entwicklung. Personelle, organisatorische und führungstechnische Instrumente. Wiesbaden

Blöcker, A.; Klöther, J.; Rehfeld, D., 1992: Die Region als technologiepolitisches Handlungsfeld? In: Grimmer, K.; Häusler, J.; Kuhlmann, S.; Simonis, G. (Hg.): Politische Techniksteuerung. Opladen, 183-201

Bundesministerium für Forschung und Technologie (BMFT), 1993a: Bundesbericht Forschung 1993, Bundesministerium für Forschung und Technologie. Bonn

Bundesministerium für Forschung und Technologie (BMFT), 1993b: Deutscher Delphi-Bericht zur Entwicklung von Wissenschaft und Technik. Bonn

Bundesministerium für Forschung und Technologie (BMFT), 1994a: Pressemitteilung Nr. 66/94 vom 01.06.1994. Bonn

Bundesministerium für Forschung und Technologie (BMFT), 1994b: Pressemitteilung Nr. 98/94 vom 09.08.1994. Bonn

Böhler; Sigloch; Wossidlo; Hechtfischer; Kling; Wolfrum, 1989: Der Technologie-Transfer in einer strukturschwachen Region - Stand und Ausbauempfehlungen. Bayreuth

Bolsenkötter, H., 1986: Ansätze zur Erfassung und Beurteilung von Forschungsleistungen. In: Fisch, R.; Daniel, H.-D. (Hg.), 1986: Messung und Förderung von Forschungsleistung. Konstanz, 41-49

Bossard Consultants, 1989: Contract Research Organisations in the EEC. Luxemburg (Kommission der EG, 1989 EUR 12112 EN-FR)

Bräunling, G. u.a., 1985: Gründer- und Technologiezentren - Planung, Finanzierung und Management. Band 6 der Reihe Technologietransfer. Köln

Bräunling, G.; Maas, M., 1989: Nutzung der Ergebnisse aus öffentlicher Forschung und Entwicklung in der Bundesrepublik Deutschland. Kommission der EG (Hg.). Brüssel

Bruhat, T., 1992: Evaluating the French Science and Technology Park's Experiences. In: Kommission der Europäischen Gemeinschaften (Hg.): Proceedings of the International Workshop on Science Park Evaluation, Bari 26.-27. März 1992. Brüssel

Bürgel, H.D.; Gassert, H.; Horváth, P. (Hg.), 1994: Erfolgsorientiertes Forschungs- und Entwicklungsmanagement für den Mittelstand. Stuttgart

Callon, M.; Laredo, P. Rabeharisoa, 1992: The Management and Evaluation of Technological Programs and the Dynamics of Techno-Economic Networks: The Case of the AFME. In: Research Policy 21 (1992) 3, 215-236

Chen, H.-T., 1990: Theory-Driven Evaluations. Newbury Park, London, New Delhi

Clapham, R.; Scholz-Babbert, D.E., 1989: Technologieparks - Ziele, Instrumente, Wirkungen. Diskussionsbeiträge zur Ökonomie des technischen Fortschritts Nr. 5. Siegen

Cooke, P.; Morgan, K. 1990: Industry, Training and Technology Transfer. The Baden-Württemberg System in Perspective. Cardiff

Cuny, R.; Stauder, J. 1993: Lokale und Regionale Netzwerke. In: Wirtschaftsdienst III/1993

Cunningham, P.; Barker, B. (eds.) 1992: World Technology Policies. Longman Guide to World Science and Technology. Harlow. Essex

Dalpé, R.; Gauthier, É., 1993: Evaluation of the industrial relevance of public research institutions. In: Research Evaluation 3 (1993) 1, 43-54

Daniel, H.-D., 1993: Guardians of Science - Fairness and Reliability of Peer Review. Weinheim, New York, Basel, Cambridge, Tokio

Daniel, H.-D., 1988: Forschungsleistungen wissenschaftlicher Hochschulen im Vergleich - Eine Synopsis fächerübergreifender Untersuchungen. In: Daniel, H.-D.; Fisch, R. (Hg.), 1988: Evaluation von Forschung. Konstanz. 93-104

Daniel, H.-D., 1983: Zur Messung und Förderung der Forschungsleistung deutscher Universitäten - Eine vergleichende Analyse empirischer Studien. Konstanz

Daniel, H.-D.; Fisch, R. (Hg.), 1988: Evaluation der Forschung. Konstanz

Dankbaar, B.; Kuhlmann, S.; Tsipouri, L., 1993: Research and Technology Management in Enterprises: Issues for Community Policy. Conceptual Framework and Technical Guidelines. Brüssel (Kommission der EG, EUR 15426-EN-C)

De Solla Price, D., 1971: Little Science. New York

Dietrich, F., 1992: Technology Centres and Science Parks and their Effects on Job Creation in Structurally Weak Areas. In: Kommission der Europäischen Gemeinschaften (Hg.), 1992: Proceedings of the International Workshop on Science Park Evaluation. Bari 26.-27. März 1992. Brüssel

Dodgson, M., 1993: Technological Collaboration in Industry - Strategy, Policy and Internationalization in Innovation. London, New York

Dose, N.; Drexler, A. (Hg.), 1988: Technologieparks - Voraussetzungen, Bestandsaufnahme und Kritik. Opladen

Dreher, C.; König, R.; Pilorget, L., 1993: Zwischenbilanz des Schweizer CIM-Aktionsprogramms 1992. Fraunhofer-Institut für Systemtechnik und Innovationsforschung (ISI). Karlsruhe

Dunleavy, S.F., 1993: Business Planning and Management of Innovation. In: Kommission der Europäischen Gemeinschaften (Hg.): Konferenz "The Future of Research and Technology Organisations", Brüssel 16./17. November 1993 (Preprint)

Ewers, H.J.; Wettmann, R., 1980: Innovationsorientierte Regionalpolitik. Schriftenreihe "Raumordnung" des Bundesministers für Raumordnung, Bauwesen und Städtebau. Bonn

Fisch, R., 1988: Ein Rahmenkonzept zur Evaluation universitärer Leistungen. In: Daniel, H.-D.; Fisch, R. (Hg.), 1988: Evaluation von Forschung. Konstanz, 13-31

Fisch, R.; Daniel, H.-D. (Hg.), 1986a: Messung und Förderung von Forschungsförderung. Konstanz

Fisch, R.; Daniel, H.-D., 1986b: Zur Einführung: Messung von Forschungsleistungen - wie, wozu und mit welchen Indikatoren? In: Fisch, R.; Daniel, H.-D: (Hg.), 1986: Messung und Förderung von Forschungsleistung. Konstanz, 11-20

Fisch, R.; Daniel, H.-D., 1986c: Erfolg und Mißerfolg universitärer Forschungsprojekte - Empirische Untersuchungen mit besonderer Berücksichtigung der Arbeit in Forschergruppen. In: Fisch, R.; Daniel, H.-D. (Hg.), 1986: Messung und Förderung von Forschungsleistung. Konstanz, 233-274

Forschungsagentur Berlin (FAB), 1992: Entwicklung der industriellen Forschungskapazitäten in den neuen Bundesländern 1989-1992. Berlin

Fraunhofer-Gesellschaft, 1993: Leitbild 2000. Grundsätze, Rahmenbedingungen, Strategien und Wege. München

Fraunhofer-Institut für Systemtechnik und Innovationsforschung (ISI), 1992: Wirtschaftsnahe Forschung für den industriellen Aufbau in den neuen Bundesländern: Situation - Perspektiven - Handlungsbedarf, Workshop Dokumentation. Karlsruhe

Freeman, C., 1993: The Sources of Localized Learning and the Science-Technology Interface. In: Foray, D.; Freeman, C. (Hg.): Technology and the Wealth of Nations. Paris, 25-28

Freeman, C., 1982: The Economics of industrial Innovation.London

Freeman, C. (Hg.), 1987: Output Measurement in Science and Technology. Essays in Honor of Yvan Fabian. Amsterdam, New York, Oxford, Tokyo

Fromhold-Eisebith, M., 1992: Meßbarkeit und Messung des regionalen Wissens- und Technologietransfers aus Hochschulen. In: Erfolgskontrollen in der Technologiepolitik, NIW-Workshop 1992. Hannover, 117-136

Gerybadze, A., 1992: Umweltorientiertes Management von Forschung und Entwicklung. In: Steger, U. (Hg.): Handbuch des Umweltmanagements. München

Giese, E., 1988: Leistungsmessung wissenschaftlicher Hochschulen in der Bundesrepublik Deutschland. In: Daniel, H.-D.; Fisch, R. (Hg.), 1988: Evaluation von Forschung. Konstanz, 59-92

Grimmer, K.; Häusler, J.; Kuhlmann, S.; Simonis, G. (Hg.), 1992: Politische Techniksteuerung. Opladen

Grupp, H. (Hg.), 1993: Technologie am Beginn des 21. Jahrhunderts. Heidelberg

Grupp, H., 1992 (Hg.): Dynamics of Science-Based Innovation. Berlin, Heidelberg, New York

Grupp, H.; Schmoch, U., 1992: Wissenschaftsbindung der Technik. Panorama der internationalen Entwicklung und sektorales Tableau für Deutschland. Heidelberg

Guy, K.; Georghiou, L., 1991: Evaluation of the Alvey Programme for Advanced Information Technology. London

Hafkesbrink, J.; Bock, J., 1992: Management von FuE-Kooperationen in High-Tech-Feldern - Erfolgsfaktoren für die Verbundforschung zwischen kleinen und mittleren Unternehmen und Forschungseinrichtungen in der Mikrosystemtechnik. Institut für angewandte Innovationsforschung (IAI). Bochum

Harnisch, H., 1992: Statement: Hochschulen und außeruniversitäre Forschungseinrichtungen. Herausforderungen in den 90er Jahren, Erwartungen an Industrie und Wissenschaft. In: Fraunhofer-Institut für Systemtechnik und Innovationsforschung (ISI) (Hg.), 1992: Anforderungen an das Innovationssystem der 90er Jahre in Deutschland, Fachtagung des Bundesministeriums für Forschung und Technologie. Dokumentation. Karlsruhe

Hartmann, J., 1986: Fachspezifische Beurteilungskriterien von Gutachtern in der Forschungsförderung - dargestellt am Beispiel des Normalverfahrens in der Deutschen Forschungsgemeinschaft. In: Daniel, H.-D.; Fisch, R. (Hg.), 1988: Evaluation von Forschung. Konstanz, 383-396

Hassink, R., 1992: Regional innovation policy: Case-studies from the Ruhr Area, Baden-Württemberg and the North East of England. Utrecht

Hertel, B., 1990: Das Technologietransfer-Angebot der Max-Planck-Gesellschaft. In: Technologie aus Forschungseinrichtungen - Voraussetzungen, Bedingungen -. 8. Augsburger Technologie-Gespräch der Industrie- und Handelskammer für Augsburg und Schwaben am 6. Dezember 1992, 49-52

Hodgson, B., 1992: Evaluating Cambridge Science Park. In: Kommission der Europäischen Gemeinschaften (Hg.), 1992: Proceedings of the International Workshop on Science Park Evaluation. Bari 26.-27. März 1992. Brüssel

Hofmann, J., 1991: Innovationsförderung in Berlin und Baden-Württemberg - Zum regionalen Eigenleben technologiepolitischer Konzepte. In: Jürgens, U.; Krumbein, W. (Hg.) Industiepolitische Strategien. Berlin, 74-97

Imbusch, A., 1990: Zusammenarbeit der Fraunhofer Gesellschaft mit der Wirtschaft. In: Technologie aus Forschungseinrichtungen - Voraussetzungen, Bedingungen -. 8. Augsburger Technologie-Gespräch der Industrie- und Handelskammer für Augsburg und Schwaben am 6. Dezember 1992, 53-60

Irvine, J., 1989: Evaluating Applied Research: Lessons from Japan. London, New York

Janssens, D., 1993: Transnational Collaboration between RTOs: The SPRINT RTO Networks. In: Kommission der Europäischen Gemeinschaften (Hg.): Konferenz "The Future of Research and Technology Organisations", Brüssel 16./17. November 1993 (Preprint)

Kalff, P.J., 1993: Providing Information Services to SME. In: Kommission der Europäischen Gemeinschaften (Hg.): Konferenz "The Future of Research and Technology Organisations", Brüssel 16./17. November 1993 (Preprint)

Kandel, N., 1993: RTO Infrastructure in Europe. In: Kommission der Europäischen Gemeinschaften (Hg.): Konferenz "The Future of Research and Technology Organisations", Brüssel 16./17. November 1993 (Preprint)

Kodama, F., 1992: Technology Fusion and The New R&D. In: Harvard Business Review, July-August,
70-78

Kommission der Europäischen Gemeinschaften (Hg.), 1992: Proceedings of the International Workshop on Science Park Evaluation. Bari 26.-27. März 1992. Brüssel

Kommission der Europäischen Gemeinschaften (Hg.), 1993: Konferenz "The Future of Research and Technology Organisations", Brüssel, 16.-17. November 1993 (Preprint). Brüssel

Kommission Grundlagenforschung des BMFT, 1991: Förderung der Grundlagenforschung durch den Bundesminister für Forschung und Technologie. Empfehlungen der Kommission Grundlagenforschung. Bonn

Koschatzky, K.; Breiner, S.; Gundrum, U.; Reger, G., 1993: Standortvoraussetzungen und Fördermaßnahmen für High-Tech-Unternehmen in der Region Rhein-Main. Hauptstudie, Teil II. Fraunhofer-Institut für Systemtechnik und Innovationsforschung (ISI). Karlsruhe

Krull, W., 1992: The Evaluation and Restructuring of Non-University Research Institutions in East Germany by the Science Council - An Overview. Diskussionsbeitrag zur Internationalen Konferenz "Methodologies for Evaluating the Future Potential of Research Institutions" in Prag, 23.-25. März 1992

Krull, W.; Sensi, D.; Sotiriou, D., 1991: Evaluation of Research & Development - Current Practice on Guidelines, Synthesis Report. Brüssel/Luxemburg (Kommission der Europäischen Gemeinschaft)

Kuhlmann, S. (Koordinator), 1991: The university-industry and research-industry interfaces in Europe. Final report on behalf of the Commission of the EC. Luxemburg

Kuhlmann, S.; Holland, D., 1995: Evaluation von Technologiepolitik in Deutschland. Konzepte, Anwendungen, Perspektiven. Heidelberg

Kuhlmann, S.; Berteit, H., 1993: Die doppelte Herausforderung: Wirtschaftsnahe Forschungs-Infrastruktur Deutschlands im Umbruch. Politische Handlungserfordernisse. Fraunhofer-Institut für Systemtechnik und Innovationsforschung (ISI). Karlsruhe

Kuhlmann, S.; Kuntze, U., 1991: R&D-Cooperation by Small and Medium Sized Companies. In: Kocaglu, D.; Niwa, K. (Hg.): Technology Management. The New International Language, Portland, Oregon, 709-712

Kuntze, U.; Kuhlmann, S.; Becher G. et al., 1992: The Four Motors for Europe. Analysis of a Cooperation Experiment. Fraunhofer-Institut für Systemtechnik und Innovationsforschung (ISI). Karlsruhe

Legler, H., 1992: Innovationstätigkeit und Umfeld der Technologiepolitik in Niedersachsen - Kriterien für eine "strategische" Evaluierung. In: Niedersächsisches Institut für Wirtschaftsforschung (Hg.): Erfolgskontrollen in der Technologiepolitik, Hannover (NIW-Workshop 1992), 15-47

Legler, H.; Grupp, H.; Gehrke, B.; Schlasse, U., 1992: Innovationspotential und Hochtechnologie. Technologische Position Deutschlands im internationalen Wettbewerb. Heidelberg

Legler, H., 1993: Regionalverteilung von industrieller Forschung und Entwicklung. In: Technologie und Management 46 (1993) 2, 65-73

Legler, H. (Hg.), 1991: Industrielle Forschung, Entwicklung, Invention und Innovation. - Regionale und sektorale Strukturen in Niedersachsen -, Strukturberichterstattung Niedersachsen.. Hannover

Lehner, F.; Nordhause-Janz, J.; Schubert, K.; Voß, W., 1989: Das Zukunftstechnologie-Programm des Landes Nordrhein-Westfalen: Eine Evaluationsstudie. Bochum

Leupold, A.; Weingart, P.; Winterhager, M., 1982: Wissenschaftsindikatoren und quantitative Wissenschaftsforschung - eine annotierte Bibliografie. Universität Bielefeld

Lodgson, J.M.; Rubin, C.B., 1985: Research evaluation activities of ten Federal agencies. In: Evaluation and Programme Planning, Vol. 11, 1-11

Luger, M.I., 1992: Methodological Issues in the Evaluation of U.S. Technology Parks. In: Kommission der Europäischen Gemeinschaften (Hg.), 1992: Proceedings of the International Workshop on Science Park Evaluation. Bari 26.-27. März 1992. Brüssel

Martinazzo, M., 1992: Technopolis Csata Novus Orta: Outcomings from Self Monitoring. In: Kommission der Europäischen Gemeinschaften (Hg.), 1992: Proceedings of the International Workshop on Science Park Evaluation. Bari 26.-27. März 1992. Brüssel

Mayntz, R., 1984: Forschungsmanagement: Steuerungsversuche zwischen Scylla und Charybdis - Probleme der Organisation und Leitung von hochschulfreien, öffentlich finanzierten Forschungsinstituten (Universität zu Köln)

Meyer-Krahmer, F., 1990: Science and technology in the Federal Republic of Germany. Longman's Guide to World Science and Technology. Harlow, Essex

Meyer-Krahmer, F.; Dittschar-Bischoff, R.; Gundrum, U.; Kuntze, U.; 1984: Erfassung regionaler Innovationsdefizite. Schriftenreihe "Raumordnung" des Bundesministers für Raumordnung, Bauwesen und Städtebau. Bonn

Meyer-Krahmer, F.; Kuntze, U., 1992: Bestandsaufnahme der Forschungs- und Technologiepolitik. In: Grimer/Häusler/Kuhlmann/Simonis (Hg.): Politische Techniksteuerung. Opladen

Ministerium für Wirtschaft, Mittelstand und Technologie Baden-Württemberg, 1988: Kriterien einer Technologiepolitik. Stuttgart

Ministerium für Wissenschaft und Kunst Baden-Württemberg, 1989: Kommission Forschung Baden-Württemberg 2000, Abschlußbericht. Stuttgart

Mittmeir, R., 1986: Leistungsdeterminanten von Forschergruppen - personelle und materielle Ressourcen. In: Fisch, R.; Daniel, H.-D. (Hg.), 1986: Messung und Förderung von Forschungsleistung. Konstanz, 275-308

Munz, D., 1992: Statement: Staatliche Akteure. Ziele und Schwerpunkte in den 90er Jahren, Erwartungen an Industrie und Wissenschaft. In: Fraunhofer-Institut für Systemtechnik und Innovationsforschung (ISI) (Hg.): Anforderungen an das Innovationssystem der 90er Jahre in Deutschland, Fachtagung des Bundesministeriums für Forschung und Technologie. Dokumentation. Karlsruhe

OECD, 1987: Evaluation of Research - Selection of Current Practices. OECD, Paris

OECD, 1993a: Technology Fusion: A Path to Innovation. The Case of Optoelectronics. Paris

OECD, 1993b: Small and Medium-sized Enterprises: Technology and Competitiveness. Paris

Office of Technology Assessment (OTA), 1991: Federally Funded Research - Decisions for a Decade. Washington

Pavitt, K., 1993: The Sources of Localized Learning and the Science-Technology Interface - What do firms learn from basic research? In: Foray, D.; Freeman, C. (Hg.): Technology and the Wealth of Nations. Paris, 29-40

Pfirrmann, O.; Schroeder, K., 1994: Problems and Implications of an Institution Based Impact Analysis of the Berlin Model of Technology and Know-how Transfer. In: Becher, G.; Kuhlmann, S., 1994: Evaluation of Technology Policy Programmes in Germany. Boston, Dordrecht

Pleschak, F.; Tamásy, Ch., 1994: Ergebnisse des Modellversuchs "Förderung des Auf- und Ausbaus von Technologie- und Gründerzentren in den neuen Bundesländern. 4. Analysebericht. Fraunhofer-Institut für Systemtechnik und Innovationsforschung (ISI). Karlsruhe

Reger, G.; Kungl, H., 1994: Research and Technology Management in Enterprises: Issues for Community Policy. Sector Study: Mechanical Engineering in the EC. Brüssel (Kommission der EG)

Reger, G.; Cuhls, K.; Nick, D., 1994: Best Management Practices and Tools for R&D Activities. Fraunhofer-Institut für Systemtechnik und Innovationsforschung (ISI). Karlsruhe

Reger, G.; Kuhlmann, S., 1995: Europäische Technologiepolitik in Deutschland - Bedeutung für die deutsche Forschungslandschaft. Heidelberg

Rehfeld, D.; Simonis, G., 1993: Regionale Technologiepolitik - Tendenzen, Inkohärenzen und Chancen -. Hagen

Ringe, M.J., 1991: The Contract Research Business in the UK. Science and Engineering Policy Studies Unit of the Royal Society and the Fellowship of Engineering (SEPSU). London

Rip, A., 1990: Implementation and evaluation of science & technology priorities and programmes. University of Twente, Niederlande. Enschede

Rodrigues, J.C., 1992: Impact and Evaluation of Science Parks: some remarks. In: Kommission der Europäischen Gemeinschaften (Hg.), 1992: Proceedings of the International Workshop on Science Park Evaluation. Bari 26.-27. März 1992. Brüssel

Roessner, J.D.; Melkers, J., 1994: Evaluation of National Research and Technology Policy Programs in the United States and Canada. In: Kuhlmann, S.; Holland, D., 1994: Praxis der Bewertung von Technologiepolitik - Ergebnisse einer vergleichenden Analyse der Programmevaluation des BMFT seit 1985 ("Metaevaluation"). Heidelberg

Ronzheimer, M., 1993: Eine heftige Attacke auf die Forschungsarbeit - Schlechte Noten für die Umweltwissenschaft in Deutschland. In: Frankfurter Rundschau, 11. Dezember 1993, Nr. 288

Rossi, P.H.; Freeman, H.E., 1985: Evaluation - A Systematic Approach. Beverly Hills, London, New Delhi

Rotering, C., 1990: Forschungs- und Entwicklungskooperationen zwischen Unternehmen. Stuttgart

Schiele, O., 1992: Statement: Staatliche Akteure. Ziele und Schwerpunkte in den 90er Jahren, Erwartungen an Industrie und Wissenschaft. In: Fraunhofer-Institut für Systemtechnik und Innovationsforschung (ISI) (Hg.): Anforderungen an das Innovationssystem der 90er Jahre in Deutschland, Fachtagung des Bundesministeriums für Forschung und Technologie. Dokumentation. Karlsruhe

Schindler, G.; Schüller, J., 1991: Industriepolitik in Baden-Württemberg und Bayern. In: Jürgens, U.; Krumbein, W. (Hg.): Industriepolitische Strategien. Berlin

Schmoch, U.; Breiner, S.; Cuhls, K.; Hinze, S.; Münt, G., 1994: Interdisciplinary Cooperation of Research Teams in Science Intensive Areas of Technology. Fraunhofer-Institut für Systemtechnik und Innovationsforschung (ISI). Karlsruhe

Schmoch, U.; Hinze, S.; Jäckel, G.; Kirsch, N.; Meyer-Krahmer, F.; Münt, G., 1993: Constraints and Opportunities for the Dissemination and Exploitation of R&D Activities: The R&D Environment. Structural Features and their Modelling. Fraunhofer-Institut für Systemtechnik und Innovationsforschung (ISI). Karlsruhe

Schotte, J., 1993: Performance Criteria of RTOs. In: Kommission der Europäischen Gemeinschaften (Hg.), 1993: Konferenz "The Future of Research and Technology Organisations, Brüssel, 16.-17. November 1993 (Preprint)

Shapira, Ph., 1990: The National Science Foundation's Engineering Research Centres: Changing the Culture of U.S. Engineering. Morgantown, West Virginia

Shapira, Ph., 1993: Modernizing Small and Mid-Sized Manufacturing Enterprises: U.S. and Japanese Approaches. In: Kommission der Europäischen Gemeinschaften (Hg.): Konferenz "The Future of Research and Technology Organizations, Brüssel 16./17. November 1993 (Preprint)

Spiegel, H.-R., 1986: Forschungsleistungen im Vergleich - Ein kommentierendes Resümee. In: Fisch, R.; Daniel, H.-D (Hg.), 1986: Messung und Förderung von Forschungsleistung. Konstanz, 203-215

Sternberg, R., 1988: Technologie- und Gründerzentren als Instrument kommunaler Wirtschaftsförderung - Bewertung auf der Grundlage von Erhebungen in 31 Zentren und 177 Unternehmen. Dortmund

Sternberg, R., 1992: Methoden und Ergebnisse der Erfolgskontrolle von Technologie- und Gründerzentren. In: Erfolgskontrollen in der Technologiepolitik. Niedersächsisches Institut für Wirtschaftsforschung. Hannover, 89-115

SV-Wissenschaftsstatistik GmbH, 1993: Forschung und Entwicklung in der Wirtschaft. Ergebnisse und Schätzungen 1991-1992. Essen

Syrbe, M., 1992: Statement: Hochschulen und außeruniversitäre Forschungseinrichtungen. Herausforderungen in den 90er Jahren, Erwartungen an Industrie und Wissenschaft. In: Fraunhofer-Institut für Systemtechnik und Innovationsforschung (ISI) (Hg.): Anforderungen an das Innovationssystem der 90er Jahre in Deutschland, Fachtagung des Bundesministeriums für Forschung und Technologie. Dokumentation. Karlsruhe

Tassey, G., 1992: Technology Infrastructure and Competitive Position. Norwell, Massachusetts, Dordrecht

Tichy, G., 1990: Gründerzentren und Regionalpolitik. In: Wirtschaft und Gesellschaft 16 (1990) 2, 265-280

Tsipouri, L,; Gonard, T.; Kuhlmann, S.; Morandini, C., 1992: Analysis of the Value Added due to Multinational University-Industry Partnerships in EC Research Projects. Brüssel (Kommission der Europäischen Gemeinschaften))

Vetterlein, H., 1991: Entwurf einer systematischen Erfolgskontrolle für die Technologiepolitik der Europäischen Gemeinschaften. Baden-Baden

Walter, G., 1993: Integration regionaler Technologiepolitik und übergreifender technologiepolitischer Maßnahmen. Arbeitspapier des Fraunhofer-Instituts für Systemtechnik und Innovationsforschung, (ISI). Karlsruhe

Warschkow, K., 1993: Organisation und Budgetierung zentraler FuE-Bereiche. Stuttgart

Wilms, J., 1990: Die Partner im Technologietransfer. In: Technologie aus Forschungseinrichtungen - Voraussetzungen, Bedingungen -. 8. Augsburger Technologie-Gespräch der Industrie- und Handelskammer für Augsburg und Schwaben am 6. Dezember 1992, 39-48

Wirtschaftsministerium Baden-Württemberg, 1992: Wirtschaftsnahe Forschungseinrichtungen in Baden-Württemberg, Informationsbroschüre. Stuttgart

Wissenschaftsrat, 1988: Empfehlungen des Wissenschaftsrates zu den Perspektiven der Hochschulen in den 90er Jahren. Köln

Wissenschaftsrat, 1991a: Empfehlungen zur Zusammenarbeit von Großforschungseinrichtungen und Hochschulen. Köln

Wissenschaftsrat, 1991b: Stellungnahmen zu den außeruniversitären Forschungseinrichtungen in den neuen Ländern und in Berlin - Allgemeiner Teil (und für verschiedene Institutsgruppen). Köln

Wolff, H.; Becher, G.; Delpho, H.; Kuhlmann, S.; Kuntze, U.; Stock, J., 1994: FuE-Kooperation von kleinen und mittleren Unternehmen. Bewertung der Fördermaßnahmen des Bundesforschungsministeriums. Heidelberg

Wottawa, H.; Thierau, H., 1990: Lehrbuch Evaluation. Bern, Stuttgart, Toronto

Wüst, J., 1990: Technologietransfer der Großforschungseinrichtungen. In: Technologie aus Forschungseinrichtungen - Voraussetzungen, Bedingungen -. 8. Augsburger Technologie-Gespräch der Industrie- und Handelskammer für Augsburg und Schwaben am 6. Dezember 1992, 61-71

Zahn, E.; Braun, F., 1992: Identifikation und Bewertung zukünftiger Techniktrends - Erkenntnisstand im Rahmen der strategischen Unternehmensführung. In: VDI-TZ (Hg.) Technologie-Frühaufklärung. Stuttgart, 3-15

ANHANG

1. Fallstudien zur Überprüfung der Praktikabilität von Leistungskriterien für Institute der wirtschaftsnahen Forschung

1.1 Ziel und Struktur der Fallstudien

Das Ziel der Fallstudien bestand darin, anhand der Fälle A (Institut der industriellen Gemeinschaftsforschung) und B (Vertragsforschungsinstitut an der Universität) die Praktikabilität der Leistungskriterien als Leitfaden für einzelfallgerechte Analysen von Einrichtungen der wirtschaftsnahen Forschung zu prüfen. Grundlage hierfür bildeten mehrere Interviews mit beiden Institutsleitungen sowie mit den Leitern von jeweils drei Forschungsgruppen der Institute A und B. Die Auswahl der Gruppen erfolgte so, daß sie möglichst unterschiedliche Arbeitseinheiten (so in ihrem Alter, beim Setzen von Forschungsschwerpunkten, in ihrer Industrieorientierung etc.) repräsentieren. In den Gesprächen ging es darum, anhand von Beispielen vertiefend zu testen, ob aus der Sicht unserer Interviewpartner die herausgearbeiteten Leistungskriterien relevant sowie belegbar sind und welche quantitativen und qualitativen Indikatoren im Falle einer eigentlichen Evaluation besonders geeignet wären, um Leistungen des Instituts/der Forschungsgruppe überzeugend nachzuweisen. Schwerpunkt der Fallstudien war die Diskussion über das Leistungskriterium 1 (strategische Geschäftsfeldplanung und industrieller Bedarf), das Leistungskriterium 2 (wissenschaftlich-technische Kooperation) und das Leistungskriterium 3 (wirtschaftlicher Problemlösungserfolg). Die Leistungskriterien 4 (Ertragslage) und 5 (Humanressourcen und wissenschaftlich-technische Ausstattung) wurden nur am Rande behandelt und sind daher nicht Inhalt der folgenden Ausführungen.

Ziel der Fallstudien war also keine Bewertung (Erfolgskontrolle) der Institute A und B, sondern vielmehr ein methodisch-empirischer Diskurs, um die Möglichkeiten und Grenzen der Vorschläge zur Evaluation von Instituten der wirtschaftsnahen Forschung differenzierter darstellen zu können.

Die Fallstudien haben folgenden Aufbau: Zunächst werden jeweils Aufgaben, Struktur und die Historie der Institute umrissen. Weiterhin erfolgt eine Vorstellung der Arbeitsfelder (Forschungsgruppen), wo im Rahmen der Fallstudien vertiefende Gespräche stattfanden (siehe *Abschnitte 1.2.1* und *1.3.1*). Danach werden Relevanz, Praktikabilität und Indikatoren der Leistungskriterien 1 bis 3 entlang der durchgeführten Interviews mit den Institutsleitungen und ausgewählten Forschungsgruppen diskutiert (siehe *Abschnitte 1.2.2 bis 1.2.4* und *1.3.2 bis 1.3.4*). In den Tabellen A-1.2.1 bis A-1.2.3 und A-1.3.2 bis A-1.3.4 werden jeweils die aus Institutssicht (= ges.) und aus Sicht der verschiedenen

Forschungsgruppen vergebenen Relevanzen zusammengestellt. Abschnitt 1.4 faßt wesentliche Ergebnisse der Fallstudien zusammen.

1.2 Fall A: Institut der industriellen Gemeinschaftsforschung

1.2.1 Historie und Struktur des Instituts A

Das Institut A ist ein Institut der industriellen Gemeinschaftsforschung. Seine Aktivitäten liegen auf dem Gebiet der Textil- und Verfahrenstechnik. Es ist eine Stiftung des Öffentlichen Rechts und untersteht als solche der Dienstaufsicht des Wirtschaftsministers des Landes. Gegenwärtig werden etwa 200 Institutsmitarbeiter beschäftigt; der Umsatz beträgt ca. 25 Mio. DM.

Das Institut hat eine lange historische Tradition: seine Gründung geht auf das Jahr 1921 zurück. Seitdem durchlief es - in enger fachlicher Nachbarschaft mit einem Institut für Chemiefasern und einem für Textilchemie - verschiedene Entwicklungsetappen. Die heutige Struktur des Instituts A besteht seit 1979; es ist ein Integral aus zwei älteren wissenschaftlichen Einrichtungen (der Textilforschung und der Faserverarbeitung). Ihre Zusammenlegung implizierte eine Konzentration der Potentiale auch an der benachbarten Universität. Ausgehend von den historischen Wurzeln wird eine Spinnerei weiterhin als Geschäftsfeld geführt.

Zielgruppen des Instituts sind: die Textilindustrie und artverwandte Industriezweige, Textilmaschinenbau, Chemiefaserindustrie; Hersteller und Anwender von Reinraumkleidung, Geotextilien, Filtern und Membranen; Hersteller und Anwender biomedizinischer Produkte; Hersteller von Meß- und Handhabungsgeräten.

Die Forschungsvorhaben des Instituts A verfolgen primär drei Ziele: Entwicklung neuer Technologien, Leistungssteigerung bestehender Technologien, Entwicklung und Optimierung neuer Produkte. Die durchzuführenden Projekte sind überwiegend anwendungsorientiert. Die Forschungstätigkeit - sie reicht vom Rohstoffeinsatz in der Spinnerei bis hin zur Prozeßsteuerung - konzentriert sich auf die Schwerpunkte:

- *Faser/Garn-Herstellung:* Rohstoffaufbereitung, Ermittlung von Faserstoffeigenschaften, Spinnereivorwerk, Öffnungs- und Reinigungsanlagen, Kardieren, Entwicklung neuer Spinnverfahren, Ringspinnen, Automatisierung der Spinnerei;

- *Philamentgarnbearbeitung:* Texturieren, Verwirbeln, Prüfung texturierter bzw. verwirbelter Garne;

- *Schlichten:* Entwicklung neuer Schlichtereiverfahren, Optimierung des Schlichtens, Regelung des Beschlichtungsgrades, Schlichtemittelrückgewinnung, Entwicklung von Meßtechniken zur Überwachung des Schlichteprozesses;

- *Weberei:* Optimierung von Webereivorwerk und Weberei, Entwicklung neuer Webverfahren, Entwicklung neuer Meßtechniken zur Analyse des Webprozesses, Automatisierung in der Weberei;

- *Maschenwarenerzeugung/Bekleidungsfertigung:* Optimierung von Strickmaschinen, Entwicklung neuer Technologien zur Maschenwarenherstellung, Fehlererkennung in Maschenwaren, Automatisierung in der Bekleidungsfertigung, Automation in der Strickerei;

- *Fasergrenzflächenphysik;*

- *Technische Textilien:* Herstellung, Anwendung, Prüfung, Umweltsimulation;

- *Vliesstoffe:* Herstellung, Anwendung, Prüfung;

- *Umwelttechnik:* Prozeßabwasserreinigung, biologische Abwasserreinigung, Aufbereitung textiler Abwässer, Öl/Wassertrennung, Gasentstaubung;

- *Faserverbundwerkstoffe:* Werkstoffe, Textil/Matrix, Prüftechnik, textile Verstärkungsstrukturen (Gestrick, Gewebe, Wickel, Geflechte);

- *Lärmschutzmaßnahmen:* Primäre Lärmminderung, sekundäre Lärmminderung;

- *Membrantechnik:* Entwicklung von Membranen, Engineering membrantechnischer Anlagen, Erprobung von Membranen, Beschichtung von Textilien;

- *Biomedizintechnik und Biomaterialien:* Verarbeitung biokompatibler Kunststoffe (Extrusion, Spritzguß, Tauchtechnik), Entwicklung von Implantaten, Zellkulturtechnikum, Faktendatenbank biomedizinischer Kunststoffe, Entwicklung biomedizinischer Prozeßsteuerungen;

- *Flechttechnik:* Verarbeitung von Hochmodulfasern, Bandgeflechte, Schlauchgeflechte, Packungsgeflechte, Prüfung, Simulator, Herstellung Halbzeug, Umflechttechnik;

- *Prozeßsteuerung und Automatisierung:* Entwicklung von Sensoren und Meßtechnik, Entwicklung von Prozeßsteuerungen, Entwicklung automatischer Handhabungsgeräte, Robotereinsatz;

- *Textilmanagement:* Unternehmensplanung (Unternehmensanalysen, Marketing, Produktionsplanung und Steuerung, Materialwirtschaft und Logistik, Controlling, Qualitätsmanagement), Wirtschaftsinformatik (Datenbankdesign, Simulationsmodelle, wissensbasierte Systeme);

- *Textilprüflabor:* Prüfung von Fasern, Garnen und textilen Flächengebilden, Bearbeitung von Schadensfällen;

- *Bereich Garnerzeugung:* Herstellung von Chemiefasergarnen nach dem Dreizylinder- und Halbkammgarnverfahren (Garne auf der Basis von Polyester-, Polyacryl- und Polyamidfasern für die Bereiche Automobiltextilien, Teppiche, Möbelbezugsstoffe, Industrietextilien), Vertrieb.

Diese Themen werden in elf Forschungsgruppen bearbeitet. Das Institut verfügt darüber hinaus über ein Spinnerei-Großtechnikum, in dem unter Industriebedingungen Garne erzeugt und Maschinen erprobt werden.

Vertiefende Gespräche fanden mit den Forschungsgruppen Textilmanagement/Unternehmensplanung, Biomedizintechnik/Biomaterialien und Weberei/Schlichterei statt.

Die Forschungsgruppe *Textilmanagement/Unternehmensplanung (MAN-Gruppe)* ist interdisziplinär ausgerichtet. Sie besteht aus zwölf wissenschaftlichen Mitarbeitern: Diplom-Ingenieuren der technischen Kybernetik mit wirtschaftswissenschaftlicher Ausrichtung und technisch orientierten Diplom-Kaufmännern. Die Gruppe beschäftigt sich mit systemübergreifenden Problemen der Unternehmensführung, insbesondere mit den für das Projektmanagement erforderlichen Informations- und Produktionstechnologien und deren konzeptioneller und praktischer Gestaltung. In den letzten Jahren entwickelte und realisierte die Gruppe - gemeinsam mit Partnern in der Textilindustrie - ein textilspezifisches Konzept des Computer Integrated Manufacturing (CIM). Es wurde im Hinblick auf die besondere Marktorientierung der Textilindustrie als integriertes Produkt-Markt-Management-System konzipiert; weiterhin wurden integrationsfähige Lösungen, insbesondere für die Produktentwicklung, für das Marketing und für das Produktmanagement erarbeitet und erprobt. Die Spezifik der Gruppe besteht darin, daß sie mit ihrer Gründung vor acht Jahren die *jüngste am Institut* ist, sich ohne traditionelle Wurzeln *modernen Themen* zuwandte (CIM, Lean Production, künstliche Intelligenz) und in ihrem Forschungsprofil *"quer" zu den technikorientierten* Gruppen des Instituts und den Firmen der Textilbranche und des Maschinenbaus liegt.

Die Forschungsgruppe *Biomedizintechnik* und *Biomaterialien (BIOMED-Gruppe)* konzentriert ihre interdisziplinäre Arbeit auf die Schwerpunkte Textilien und Kunststoff in der Medizintechnik sowie Zellbiologie. Sie setzt sich derzeit aus 25 Mitarbeitern der Fachrichtungen Textiltechnik, Medizintechnik, Maschinenbau, Kunststofftechnik, Polymerchemie, Verfahrenstechnik und Biologie zusammen.

Aufgabengebiete bestehen in den folgenden: Datenbanken (Erstellung der Faktendatenbank MEDIPLAST "Kunststoff in der Medizin", weltweite Online-Recherchen bezüglich Fachliteratur und Patente); Polymerentwicklung und Verarbeitung (Extrusion, Spritzgießen, Tauchtechnik, Sprühtechnik); Implantatenentwicklung (auf Grundlage der

Flechttechnologie, Non-wovens- oder Tauchverfahren; Kreuzbandprothesen, Gefäßprothesen); Faserverbundwerkstoffe (Reaktions-Systeme, Sintertechnik, Coextrusion, Hüftpfannen, Prepregs); Flechttechnogie (Prothesen, Medical Devices, Umwelttechnik, 3D-Flechttechnologie, Verstärkung); Biologie (Interaktion Zelle/Kunststoff, biohybride Organe, Cell-seeding). Dazu werden biostabile Materialien, wie Polyester, Polyurethane, Polysulfon, Polyätherketone, aber auch resorbierbare Polymere, wie Polyglycolsäure und Polyactide, zu Produkten verarbeitet, die letztendlich in vivo getestet werden. Als Verarbeitungstechniken sind textile Verfahrenstechniken, wie Faserspinnen und Verstricken, Flechten, Weben, Stricken und Vliesbildung, Membran- und Folienverfahren, Extrusion und Spritzgießen, Pultrusion und Warm-/Kalt-Pressen vorhanden.

Zur Forschungsgruppe gehört ein Zell-Labor, in dem die Interaktionen zwischen Materialien und Zellen erforscht werden. Hierbei wird insbesondere der Einfluß des Materials und der Oberflächenstruktur auf die Zellhaftung und die Zellproliferation untersucht; biohybride Organe können einem vitro-Funktionstest unterzogen werden. Das Analyselabor verfügt über chemische Analysemethoden und mechanische Methoden; außerdem kommen optische Verfahren zum Einsatz. Die Spezifik der BIOMED-Gruppe besteht darin, daß sie sich in den letzten Jahren stark erweiterte und nun die zahlenmäßig *größte Gruppe* des Instituts ist, daß sie die *höchste Anzahl von Industrieprojekten* am Institut durchführt (ca. 80% Industrieforschung und 20% öffentliche Forschung) und daß sie die *zweitjüngste Gruppe* am Institut ist.

Die Forschungsgruppe *Weberei/Schlichterei (WEB-Gruppe)* setzt sich aus zwei promovierten Chemikern, einem Chemielaboranten, mehreren Diplomingenieuren des Maschinenbaus, einem Textilingenieur und Angelernten zusammen. Die Gruppe ist auf einem traditionellen Gebiet der Textiltechnik tätig - der Schlichterei.

Das Schlichten - ein kurzzeitiger Hilfsprozeß für das Weben - bewirkt die Hauptbelastung des Abwassers der Textilveredelung. Da es bisher keine konkurrenzfähigen Technologien gibt bzw. mögliche Alternativen noch keinen technologischen Durchbruch erzielt haben, ist das Schlichten nach wie vor ein aktueller Forschungsgegenstand.

Die Arbeiten der Gruppe gehen hierbei in zwei Richtungen: erstens, die Optimierung der Verfahren aus technischer Sicht (Minimierung des Abwassers, Entwicklung von Meßsystemen) und zweitens, das Schlichtemittelrecycling mittels Ultrafiltrationsmembranen. Durch diese steigt die Konzentration der "herausgefilterten" Stoffe so stark, daß das Schlichtemittel wieder Anwendung finden kann. Die zweite Arbeitsrichtung führte zur Gründung einer "Membran"-Gruppe am Institut. Das Institut sei damit das zweite, so die Gesprächspartner, das nach den USA die entsprechenden Membranen für das Schlichten entwickele, herstelle, industriell realisiere und verkaufe. Neue Arbeitsfelder auf dem Gebiet der Schlichterei seien nicht geplant, denn es gebe noch viel zu optimieren. Falls sich eine neue Technik durchsetze, wären Kooperationen möglich und nützlich.

Die Spezifik dieser Gruppe besteht darin, daß sie als eine der *ältesten* im Institut ihre *Wurzeln in einem traditionellen Gebiet* hat, sich aber in Folge veränderter ökonomischer und ökologischer Bedingungen sowie technologischer Möglichkeiten neuen Themen zuwendet.

1.2.2 Leistungskriterium 1: Strategische Geschäftsfeldplanung und industrieller Bedarf

Die für das erste Leistungskriterium von unseren Gesprächspartnern vergebenen Relevanzen zeigt *Tabelle A-1.2.1*.

		Institut A			
			Gruppen		
	Elemente	ges.	MAN	BIO-MED	WEB
1	Werden aktuelle und absehbare Marktentwicklungen hinreichend beachtet (Beschaffungsmärkte und Angebotsmärkte) ?	■	■	■	■
2	Werden aktuelle und absehbare Technologieentwicklungen auch im Umfeld hinreichend beachtet?	■	■	■	■
3	Reagiert das Institut frühzeitig mit neuen Themen auf (nicht technische) globale, soziale, politische, ökologische Trends?	■	•	□	■
4	Nimmt das Institut aktiv Einfluß auf die technologischen Zielsetzungen der Wirtschaft (Sensibilisierung für technologische Herausforderungen)?	■	■	■	■
5	Entspricht die strategische Geschäftsfeldentwicklung (Forschungsgruppen, Leistungsangebote) den Herausforderungen der Elemente 1 - 4?	■	■	■	■
6	Entspricht das technologische und industrielle "networking" (strategische Allianzen etc.) den Herausforderungen der Elemente 1 - 4?	■	■	■	■

Tab. A-1.2.1: Kohärenz von strategischer Geschäftsfeldplanung und technologischem Unterstützungsbedarf des industriellen Sektors

Relevanz: ■= unerläßlich •= wichtig □=wünschenswert

Werden aktuelle und absehbare Marktentwicklungen hinreichend beachtet (Beschaffungsmärkte und Angebotsmärkte)?

Die Dynamik der Märkte zu beobachten und aus den analysierten Tendenzen Schlußfolgerungen für die Geschäftsplanung zu ziehen, wurde als *unerläßliches* Leistungskriterium bezeichnet. Für das Institut sei die enge Verbindung zur Industrie ein Hauptziel; eine kontinuierliche Adaption der sich verändernden Beschaffungs- und Angebotsmärkte sei dafür eine notwendige Voraussetzung. Dies geschehe allerdings weniger über schriftliche Analysen und Dokumentationen zur Entwicklung des Marktes und dessen Anforderungen. Hauptmittel seien am Institut vielmehr regelmäßige Technologiegespräche und Seminare (national und international), bei denen Firmen ihre fachlichen Probleme dem Institut mitteilen. Noch bedeutender seien persönliche Gespräche mit Vertretern der Industrie durch den Institutsleiter oder die Gruppenleiter. So gebe es z.B. einen engen direkten Kontakt der WEB-Gruppe zu den Webern, den Maschinen-, Schlichtemittel- und Geräteherstellern sowie entsprechenden Verbänden. In diesem Kreis (der die Marktentwicklung kenne) fänden neben persönlichen Gesprächen alle drei Jahre Kolloquien und damit ein breiter Erfahrungsaustausch statt.

Ein von "Gesamttextil" vergebener Auftrag "Textil 2000" an das Institut belege seine aktive und kompetente Auseinandersetzung mit der Marktentwicklung und die dabei gewonnene Anerkennung von außen. In dieser Studie sollen Szenarien für die Entwicklung der Textilindustrie entwickelt werden. Es geht um Möglichkeiten einer strategischen Planung in den KMU: welchen Bedarf haben KMU; ist die Industrie geeignet, Zukunftsaufgaben zu erfüllen; was ist zu tun, um der Industrie zu helfen?

Aus der Sicht des Institutes sind auch politische Aspekte der Marktentwicklung zu berücksichtigen. So sei es gerade in der Textilbranche wichtig, die Wertschöpfung zu steigern und dies impliziere gegebenenfalls auch, aus manchen Märkten auszusteigen, z.B. bei "Dumping-Angeboten" durch andere Anbieter.

Ein geeigneter Indikator hierfür sei u.a. die Aktivität eines Instituts in bezug auf Verbundvorhaben; denn diese seien ein Beleg für die Akzeptanz des Instituts durch die Industrie bzw. ein Beleg für das Verständnis aktueller und absehbarer Marktentwicklungen.

Werden aktuelle und absehbare Technologieentwicklungen (auch im Umfeld) hinreichend beachtet?

Die Beachtung aktueller und absehbarer Technologieentwicklungen erhielt als Leistungskriterium ebenfalls die Relevanz *unerläßlich*.

Das Institut sei stets bemüht, aktuelle und absehbare Technologieentwicklungen zu beachten. So wurden systematisch neue Themen in Angriff genommen: 1967 begannen Arbeiten zur Rotorspinnentwicklung. Der Einstieg in die Umweltproblematik erfolgte bereits 1973. Im gleichen Jahr wurden Arbeiten zur Hochleistungstexturierung (1000 m/min.; die Industrie nutzte noch 300 m/min.) aufgenommen. 1974 begann man zu diversifizieren; in diesem Zusammenhang wurde die Biomedizintechnik als Thema aufgegriffen. Ebenfalls seit 1974 werden Prozeßdaten zur Regelung von Systemen verwendet. Um 1980 wurden textile Fertigungsverfahren als zukunftsträchtiger Forschungsschwerpunkt erkannt; in diesem Zusammenhang kam es zum Ausbau der Forschungsgruppe technische Textilien; auch nahm das Institut die "Verfahrenstechnik" in seinen Namen auf. Anfang der 80er Jahre begannen Arbeiten an systemorientierten Lösungen für die Unternehmensführung; nach etwa drei Jahren gab es erste Versuche, die Produkt- und Marktentwicklung im Zusammenhang zu bearbeiten: es ging um die Verknüpfung von systemübergreifenden "Technikdenken" auf der einen Seite und dem Management/der Organisation auf der anderen Seite; 1983 wurden erste System- und Marketinglösungen in Unternehmen (inklusive rechnergestützte Tools) eingeführt; schließlich erfolgte die Gründung der Forschungsgruppe Textilmanagement/Unternehmensplanung. 1990/91 wurde begonnen, Probleme des Recycling schwer wiederverwendbarer Stoffe zu bearbeiten. Insgesamt, so die Gesprächspartner, konzentriere sich das Institut auf die Entwicklung von Prozeß- und Systemtechnologien im Umfeld (!) ausgereifter Technologien.

Als Indikator zur Messung dieses Leistungskriteriums wurden genannt: Erweiterung/Erneuerung vorhandener Arbeitsfelder (Frage: Werden immer gleiche Forschungsthemen bearbeitet oder erfolgt ein Wechsel bei Veränderung aktueller wirtschaftlicher, technologischer Situationen?). Dabei wäre auch zu klären: Wann wurden welche Überlegungen zur Leistungssteigerung und zu neuen Anwendungen angestellt? Welche Arbeiten dienen der Stabilisierung der Technologie, welche zielen auf die nächste Generation von Verfahren und Produkten? Entsprechende Antworten seien ein Gradmesser für die Zukunftsorientierung der FuE-Tätigkeit. Ein weiterer wesentlicher Indikator sei die Anzahl der Aufträge aus dem Textilmaschinenbau; dies sei ein Hinweis auf den Umfang der Technologieentwicklung am Institut (die Textilindustrie verlange als Auftraggeber eher Produkt- als Verfahrensentwicklungen).

Reagiert das Institut frühzeitig mit neuen Themen auf (nichttechnische) globale, soziale, politische oder ökologische Trends?

Dieses Leistungskriterium erhielt aus der Sicht der Gesprächspartner die Relevanzen *unerläßlich bis wünschenswert* - ausgehend von den zu bearbeitenden Forschungsthemen. Die Relevanz *wünschenswert* wurde u.a. mit dem Hinweis vergeben, daß Forschung und Entwicklung auf dem Gebiet umweltfreundlicher Produktionsmethoden und Produkte für Unternehmen oft zu teuer seien und die Nachfrage daher weniger ausgeprägt.

Die Erfüllung des Leistungskriteriums erfordert nach Ansicht des Instituts einen breiteren Blickwinkel auf zu bearbeitende Themenfelder. Es sei ein System- und Prozeßdenken notwendig, um den strukturellen Wandel der Industrie unter sozialen Gesichtspunkten zu erfassen. Insbesondere für die WEB-Gruppe seien globale, soziale, ökologische Trends von großem Einfluß auf FuE-Arbeiten. Um die Schadstoffwirkung beim Schlichten einzudämmen, wurden entsprechende Forschungsarbeiten aufgenommen (siehe *Abschnitt 1.2.1*). Es wird insgesamt erwartet, daß der Druck in Richtung umweltfreundlicher Produktionsmethoden und Produkte zunimmt.

Als wesentlicher Indikator für die Erfüllung dieses Leistungskriteriums wurde genannt: Wann wurde mit welchen Projekten, z.B. auf dem Gebiet der Umwelt oder des Recyclings, begonnen?

Nimmt das Institut aktiv Einfluß auf die technologischen Zielsetzungen der Wirtschaft?

Die aktive Einflußnahme des Instituts auf technologische Zielsetzungen der Industrie ist für das Institut ein Eckpfeiler der Forschungstätigkeit und daher *unerläßlich*. Alle Mitarbeiter seien bemüht, die Forschungsarbeit an den Gegebenheiten der Praxis zu orientieren und die Forschungsergebnisse in die Sprache des Praktikers zu übersetzen. Die Anerkennung, die das Institut in diesem Zusammenhang genieße, zeige sich u.a. in der Anfrage von "Gesamttextil", für die Unternehmen ein Konzept zur Managementschulung zu entwickeln.

Organisatorisch beschreite das Institut folgende Wege: Zunächst werde jedes größere Vorhaben durch eine Problemanalyse mit kompetenten Vertretern der Industrie vorbereitet. Der gleiche Kreis diskutiere auch während der Laufzeit des Vorhabens in regelmäßigen Abständen die Ergebnisse. Dann werde durch ständige Gespräche mit der betroffenen Industrie (Industrieberatung) versucht, möglichst direkt eine Resonanz auf die Forschungsergebnisse zu erhalten. Außerdem veröffentliche das Institut für die Praxis interessante Ergebnisse monatlich auf einer Sonderseite einer führenden Fachzeitschrift. Schließlich veranstalte das Institut in regelmäßigen Abständen Kolloquien und Fachgespräche, bei denen umfassend über aktuelle Probleme der Textilindustrie vorgetragen und diskutiert werde. Ein Arbeitskreis, in dem Vertreter aller maßgeblichen Zweige der Textilindustrie, der Faserindustrie und des Maschinenbaus vertreten sind, unterstütze das Bemühen des Instituts, aktiv auf technologische Zielstellungen der Industrie Einfluß zu nehmen. Er gebe Anregungen für Forschungsvorhaben, vermittle die erforderlichen Kontakte zur Industrie und helfe bei der industriellen Verwertung der Forschungsergebnisse.

Entspricht die strategische Geschäftsfeldplanung den Herausforderungen der Elemente eins bis vier?

Dieses Kriterium erhielt ebenfalls von allen Gesprächspartnern die Relevanz *unerläßlich*. Die strategische Geschäftsfeldplanung des Instituts dokumentiere sich jedoch weniger in strategischen Papieren als vielmehr in wöchentlichen gemeinsamen Beratungen der Institutsleitung mit den Gruppenleitern. Einmal jährlich findet ein Wochenendseminar der Institutsleitung und der Gruppenleiter statt; hier werde die Strategie der kommenden Jahre beraten. Im Ergebnis solcher Diskussionen seien z.B. die Gruppen Membrantechnik und Textilmanagement entstanden. Der genannte Personenkreis trage im Institut *die* strategische Verantwortung; neben dem Institutsdirektor seien es primär die Gruppenleiter, die für einen Ideennachschub im Hinblick auf neue FuE-Forschungsthemen sorgen und entsprechende technologische und industrielle Trends erkennen.

Entspricht das technologische und industrielle "networking" (strategische Allianzen etc.) den Herausforderungen der Elemente 1 bis 4?

Auch dem technologischen und industriellen "networking" wird im Zuge der Herausforderung der Elemente 1 bis 4 die Relevanz *unerläßlich* zugeschrieben. So seien z.B. auf dem Gebiet der Schlichterei Kooperationen mit externen Partnern nötig, weil die personelle Kapazität der Gruppe einerseits klein, aber das Institut auf diesem Gebiet technologisch führend und daher Ansprechpartner für Aufträge auf Bund- und Länderebene sei. Grundsätzlich verlange dieses Leistungskriterium so unsere Gesprächspartner, in Zuliefer- und Abnehmerketten zu denken und zu forschen. Große Bedeutung für das "networking" hätten vor allem Beratungsleistungen und die Mitwirkung in Gremien. Regelmäßig werde in Fachverbänden (z.B. "Maschenverband") über neue Themen diskutiert. Es finden zweijährige Forschungsseminare mit Verbänden (z.B. "Garne" und "Gewebe") statt. Solche Aktivitäten unterstützten zugleich das "networking" aller Akteure in der Textilbranche und der mit ihr verbundenen Industriezweige.

1.2.3 Leistungskriterium 2: Wissenschaftlich-technologische Kompetenz

Die für das zweite Leistungskriterium vergebenen Relevanzen zeigt *Tabelle A-1.2.2*. Unsere Gesprächspartner wiesen darauf hin, daß zu unterscheiden sei zwischen einer wissenschaftlich-technologischen Kompetenz, die primär wissenschaftlich und einer, die eher wirtschaftlich relevant sei. Für das Institut gehe es vor allem um letzteres.

Tab. A-1.2.2:	Wissenschaftlich-technologische Kompetenz				

			Institut A		
	Elemente			Gruppen	
		ges.	MAN	BIO-MED	WEB
1	Ist das Institut hinreichend in der (inter-) nationalen Fachöffentlichkeit präsent (z.B. Publikationen, Fachgremien, Tagungen) ?	■	■	■ □	■
2	Hat das Institut in den vergangenen zehn Jahren bedeutende wissenschaftliche Erkenntnisse hervorgebracht?	•	•	■	□
3	Hat das Institut in den vergangenen fünf Jahren bedeutende technologische Entwicklungen hervorgebracht?	■	■	■	■
4	Wann und wie erfolgte der Einstieg in neue Technik-Technologiefelder (frühzeitig/aktiv vs. spät /reaktiv)?	■	■	■	■
5	Kooperiert das Institut hinreichend mit Hochschulen (Uni/FH) und anderen wissenschaftlichen Einrichtungen?	•	■	□	□
6	Ist das Institut Initiator/Koordinator bedeutender nationaler, internationaler Verbundforschungsprojekte?	•	•	•	•

Relevanz: ■ = unerläßlich • = wichtig □ = wünschenswert

Ist das Institut hinreichend in der (inter)nationalen Fachöffentlichkeit präsent?

Die Präsenz des Instituts in der Fachöffentlichkeit wurde als *unerläßlich* eingestuft, wobei es dem Institut hierbei vor allem um die fachöffentliche Anerkennung und gute Reputation gegenüber der internationalen Industrie gehe. Ziel sei es vor allem, der Praxis Forschungsergebnisse zugänglich zu machen.

Als Indikator werden daher nicht so sehr Publikationen und Besuche wissenschaftlicher Tagungen betrachtet. Von der Industrie finanzierte Aufträge müssen vertraulich behandelt werden; es bestehen daher weniger Publikationsmöglichkeiten (insbesondere bei stark industrieorientierten Forschungsgruppen). Ein wesentlicher Indikator zur Messung dieses Leistungskriteriums ist aus der Sicht des Instituts in diesem Falle vielmehr die Mitwirkung in Gremien. So sind Mitarbeiter (Gruppenleiter) des Instituts in nationalen und internationalen Normungsgremien (z.B. ISO, CEN, DIN), sowie in Fachgremien (z.B. in der Arbeitsgruppe Luftreinhaltung) tätig, übernehmen Gutachtertätigkeiten (z.B. im Rahmen des deutschen Akkreditierungssystems für das Prüfwesen, DAP, TÜV-CERT) und vertreten das Institut in verschiedenen EU-Gremien (z.B. bei BRITE/EURAM).

Hat das Institut in den vergangenen zehn Jahren bedeutende wissenschaftliche Erkenntnisse hervorgebracht?

Die Gewinnung bedeutender wissenschaftlicher Erkenntnisse ist, in Abhängigkeit von den Arbeitsschwerpunkten der Gruppen, für das Institut *überwiegend wichtig*, nicht unerläßlich. Die Forschungsarbeit sei primär technologisch orientiert; anwendungsorientierte Grundlagenforschung, die neue (bedeutende) wissenschaftliche Erkenntnisse gestattet, werde z.B. im Bereich biohybrider Membranen betrieben.

Hat das Institut in den vergangenen fünf Jahren bedeutende technologische Entwicklungen hervorgebracht?

Das Hervorbringen bedeutender technologischer Entwicklungen ist laut Gesprächspartner *unerläßlich* für das Institut. Beispiele aus den letzten fünf Jahren seien: die moderne Hochleistungsrotorbox; der Fahrzeugroboter (Verknüpfung von Software des Roboters mit der des Fahrzeugs, also integrierte Steuerung von Bewegung und Funktion); das Schlichtemittelrecycling über Ultrafiltrationsmembranen (Werkstoffrückgewinnung aus Abwasser); die Hochleistungsnadeln für Rundstrickverfahren; die Hochleistungsfriktionsaggregate für die Texturierung; die Hochleistungsverwirbelungsdüsen (sehr hohe Geschwindigkeiten); das Färbewasserrecycling; die künstlichen Adern (erste in Europa); die Entwicklung auf dem Gebiet der Absorption von Kohlenwasserstoffen (bereits Anfang der 70er Jahre); das Luftspinnverfahren.

Wann und wie erfolgt der Einstieg in neue Technologiefelder?

Der frühzeitige Einstieg in neue Technologiefelder ist als Leistungskriterium *unerläßlich*; er gehöre zur Strategie des Instituts (vgl. *Leistungskriterien 1/1* und *1/2*). Das frühzeitige technologische Einsteigen gestatte dem Institut, frühzeitig neue technologische Lösungen zur Anwendungsreife zu bringen. So befänden sich eine Reihe der Produkte, die die BIOMED-Gruppe entwickelt habe, heute bereits in der klinischen Anwendung. Die Forschungsgruppe besitze dadurch umfangreiche, langjährige Erfahrungen bei der Auswahl, Verarbeitung und Testung von Kunststoffen als Implantatwerkstoffe.

Kooperiert das Institut hinreichend mit Hochschulen und anderen wissenschaftlichen Einrichtungen?

Die Kooperation des Instituts mit der Universität und anderen wissenschaftlichen Einrichtungen bewerteten unsere Gesprächspartner als *wichtig bis wünschenswert*. Diese relativ niedrige Relevanz wird damit begründet, daß das Institut technologisch führend sei und es kaum Hilfe seitens der Universität (eine Universität oder Fachhochschule, die sich ausschließlich mit Textilforschung beschäftigt, gibt es nicht) geben könne.

Die Möglichkeit, Lehrverpflichtungen an der Universität (einzelnen Fachbereichen) wahrzunehmen, sind gering; sie betreffen nur drei Angehörige des Instituts. So vertritt der Direktor an der Universität das Hauptfach Textiltechnik. Der Leiter der BIOMED-Gruppe ist Lehrbeauftragter an der Universität im Hauptfach Biomedizintechnik; der Leiter der MAN-Forschungsgruppe ist im Rahmen der betriebswirtschaftlichen Ausbildung tätig. Außerdem werden Studien und Diplomarbeiten sowie Doktoranden betreut. Weitere Kontakte zur Universität seien mehr informeller Natur, z.B. über die ehemaligen Absolventen der Universität.

Als bedeutsamer bewerten unsere Gesprächspartner die Tatsache, daß sich das Institut in einer Umgebung mit einer exzellenten Infrastruktur befindet. Die Region sei ein High-Tech-Zentrum, in dem das Institut zahlreiche, vor allem informelle Kontakte habe und pflege.

Ist das Institut Initiator oder Koordinator bedeutender nationaler oder internationaler Verbundforschungsprojekte?

Die Initiierung und Durchführung von Verbundforschungsprojekten, inklusive die Übernahme koordinierender Aufgaben, wurden als *wichtig* bezeichnet. Diese industrielle Konstruktion sei wesentlich für die Erfüllung der Institutsaufgaben. Vom BMFT finanzierte Projekte sind in der Mehrheit Verbundprojekte, in denen das Institut die Projektleitung erhalte. Außerdem werde in der letzten Zeit der Zusammenarbeit mit der Europäischen Union eine größere Bedeutung beigemessen und entsprechendes Engagement gezeigt. Die Übernahme von Projektleitungen auf dieser Ebene ist zwar ein Institutsziel, wurde aber bisher erst in geringem Umfang wahrgenommen.

1.2.4 Leistungskriterium 3: Wirtschaftlicher Problemlösungserfolg

Die für das Leistungskriterium 3 vergebenen Relevanzen zeigt *Tabelle A-1.2.3*.

Tab. A-1.2.3: Wirtschaftlicher Problemlösungserfolg

	Elemente	Institut A			
				Gruppen	
		ges.	MAN	BIO-MED	WEB
1	In welchen Phasen des Innovationsprozesses ist das Institut schwerpunktmäßig tätig?				
	◆ Grundlagenforschung	□		•	
	◆ angewandte Forschung	■	■	■	■
	◆ Entwicklung	■	■	■	■
	◆ industrielle Realisierung	•	•	•	•
2	Realisiert das Institut hinreichend industriell gewünschte Systemlösungen?	■	■	■	■
3	Werden industrielle Aufträge qualitativ zufriedenstellend erfüllt?	■	■	■	■
4	Hat das Institut einen festen Kundenstamm (davon Anteil KMU)?	■	■	■	■
5	Wurden in den vergangenen 5 Jahren neue Kunden in der Wirtschaft gewonnen?	■	■	■	■
6	Koordiniert und vermittelt das Institut erfolgreich zwischen Problemstellungen verschiedenartiger industrieller Partner?	•	•	■	•
7	Werden erfolgreich innovationsunterstützende Dienstleistungen erbracht?	•	■	•	•
8	Erfolgt ein Know-how-Transfer durch Personaltransfer in die Wirtschaft?	□	□	□	□
	Relevanz: ■ = unerläßlich • = wichtig □ = wünschenswert				

In welchen Phasen des Innovationsprozesses ist das Institut schwerpunktmäßig tätig?

Aus der Sicht unserer Interviewpartner ist Grundlagenforschung unter Berücksichtigung industrieller Bedürfnisse *wünschenswert*, ist die Konzentration auf die angewandte Forschung und Entwicklung *unerläßlich* und sind industrielle Realisierungen von Problemlösungen gemeinsam mit der Industrie *wichtig*.

Hauptziel sei die Entwicklung eines industriefähigen Produkts (Prototypen, Demonstratoren), nicht die industrielle Realisierung selbst. Für letzteres fehlten dem Institut die Mittel und Möglichkeiten; dies sei Aufgabe der Industrie. Problemlösungen für den

Textilmaschinenbau beträfen nicht so sehr komplette Maschinen und Anlagen, sondern das Institut konzentriere sich in der Zusammenarbeit eher auf Teilaspekte eines Verfahrens (z.B. auf die Entwicklung und Optimierung kritischer Elemente einer Maschine). Etwa 90% der Forschung seien anwendungsorientiert; ca. 10% beträfen Projekte mit Grundlagenorientierung. Letztere werden überwiegend öffentlich finanziert, da die Industrie solche ungewissen Forschungsaktivitäten kaum unterstütze.

Realisiert das Institut hinreichend industriell gewünschte Systemlösungen?

Systemlösungen zu realisieren wurde von allen Gesprächspartnern als *unerläßlich* bezeichnet: Die Textilbranche sei sehr groß und vielfältig, außerdem seien inzwischen auch zahlreiche nicht-textile Arbeitsgebiete entstanden. Die Bearbeitung von FuE-Themen setze daher eine Verknüpfung verschiedener technologischer Lösungen, z.T. auch branchenübergreifend, voraus.

Zum Beispiel bewirke die Optimierung des Schlichtens (bei dem 30% Schlichtemittel gespart werde) allein nichts (der Energiebedarf steige dabei um 10%), wenn nicht der gesamte Prozeß (also nicht nur der klassische) optimiert werde und eine rentable Gesamtlösung angeboten werden. Als weitere Beispiele für Systemlösungen wurden genannt:

- Automatische Ringspinnmaschine: sie ist ausgestattet mit einer Datenerfassung, um Fadenbrüche (abhängig von der Spinnmaschinendrehzahl) zu registrieren. Kommunikationssoftware (zwischen Ringspinnmaschine und Datenerfassung bei Fadenbrüchen) und Hardware wurde bei verschiedenen Unternehmen eingeführt.

- Abwasserreinigungssystem: es besteht aus verschiedenen Reinigungsstufen. In Abhängigkeit von der Belastung werden Stoffe (Chemikalien) zur Entlastung hinzugegeben.

- Entwicklung von Planungssystemen (im Sinne eines Baukastens): es geht um die Konzipierung, Hierarchisierung mehrstufiger Planungssysteme im industriellen Umfeld und dabei um die Kopplung von Organisationslösung, Hardware (inklusive Netzwerkbeteiligung) und Software.

Werden industrielle Aufträge qualitativ zufriedenstellend erfüllt?

Industrielle Aufträge qualitativ zufriedenstellend zu erfüllen, war für alle Gesprächspartner ein *unerläßliches* Leistungskriterium. In diesen und ähnlichen Zusammenhängen machten sie immer wieder darauf aufmerksam, daß unbedingt die Mentalität der Industriepartner zu beachten sei und ihre Sprache gesprochen werden müsse. Die Institutsmitarbeiter verwenden sehr viel Zeit für individuelle Gespräche mit den Firmen. Mitte der 80er Jahre führte das Institut 50% der Beratungen aller deutschen Textilforschungsinstitute durch. Um solche Leistungen zu erbringen, dürften die Arbeitsgruppen eine kritische Größe nicht unterschreiten.

Hat das Institut einen festen Kundenstamm in der Wirtschaft (davon Anteil KMU)?

Einen festen Kundenstamm zu besitzen, sei *unerläßlich*. Der älteste industrielle Partner wurde im Jahr 1967 gewonnen; der älteste laufende Auftrag (mit wechselnder thematischer Ausrichtung) begann 1973. Traditionelle Kunden des Instituts vergeben ca. 60% der Industrieaufträge. Feste Aufträge betrachtet das Institut als Indiz für gute Arbeit.

Wurden in den vergangenen fünf Jahren neue Kunden in der Wirtschaft gewonnen?

Neue Kunden aus der Wirtschaft zu gewinnen, wurde ebenfalls als ein *unerläßliches* Leistungskriterium bezeichnet. Sie seien sogar in gewisser Hinsicht noch wichtiger als traditionelle Industriepartner und letztlich ein Indikator für die Leistungsfähigkeit des Instituts. Denn neue Kunden gewinne man vor allem dort, wo neue Gebiete erschlossen werden. Ausgehend davon seien z.B. in der Medizintechnik die Aufträge permanent gestiegen, ebenso die Aufträge auf dem Gebiet der Markt- und Planungsanalysen für Unternehmen. Auch mit der Reinraumtechnik und Airbag-Technik wurden neue Kunden gewonnen. Der Anteil neuer Kunden aus der Industrie liegt bei 40%.

Koordiniert und vermittelt das Institut erfolgreich zwischen Problemstellungen verschiedenartiger industrieller Partner?

Dieses Leistungskriterium wurde von unseren Gesprächspartnern zum gegenwärtigen Zeitpunkt als *überwiegend wichtig* bezeichnet. Es sei wegen zunehmender Verflechtung sowie Diversifikationsbestrebungen innerhalb der Textilbranche und im Hinblick auf andere Branchen von zunehmender Relevanz. Kleine und mittlere Unternehmen könnten der wachsenden technologischen Herausforderung nur entsprechen, wenn sie Kooperationen stärker nutzen. Für deren Aufbau benötigen sie Unterstützung. Die Bemühungen des Instituts, dabei eine aktive Rolle zu spielen, zeige sich z.B. in Verbundprojekten auf Länderebene, wo es gelungen sei, konkurrierende Firmen zu Erfahrungsaustauschen zusammenzubringen. Wesentlich sei auch die Mitwirkung des Instituts im "Marketingkreis": Hier werden in der "textilen Kette" (Hersteller bis Handel) branchenübergreifende Probleme diskutiert und gelöst.

Erbringt das Institut erfolgreich innovationsunterstützende Dienstleistungen?

Innovationsunterstützende Dienstleistungen anzubieten, wird *überwiegend als wichtig* erachtet. Insbesondere handele es sich hierbei um Fachkurse, die vornehmlich der Industrie angeboten werden, und um Beratungen. Die Einnahmen aus letzteren umfassen etwa 750.000 DM pro Jahr; sie sind zwar strategisch/qualitativ von großer Bedeutung, aber nicht quantitativ. Es sei vorstellbar, daß die Weiterbildung in der Zukunft expandiert, wenn die Industrie bereit ist zu zahlen (z.B. für ein Aufbaustudium für Nachwuchskräfte). Die bisher schon durchgeführten Kurse auf dem Gebiet Schlichterei sollen demnächst auch im Ausland durchgeführt werden.

Erfolgt ein Know-how-Transfer durch Personaltransfer in die Wirtschaft?

Dieses Leistungskriterium wurde von allen Gesprächspartnern lediglich als *"wünschenswert"* bezeichnet. Die personelle Kontinuität ist für das Institut sehr wichtig: Da es keine spezielle Textiluniversität oder Fachhochschuleinrichtung gebe, müßten neue Mitarbeiter im Institut weiter ausgebildet und eingearbeitet werden. Beispielsweise gibt es kaum kompetente Fachleute auf dem Gebiet der Schlichterei. Mitarbeiter der Forschungsgruppe sind daher zwar begehrt, werden aber aus der Sicht des Instituts nicht gern abgegeben. Außerdem setze die enge Industriebindung Kontinuität bei den Kontakten zwischen Firmen und Institutsmitarbeitern voraus; Personalfluktuation könne diese Beziehungen gefährden.

1.3 Fall B: Vertragsforschungsinstitut an einer Universität

1.3.1 Historie und Struktur des Instituts B

Das Institut B ist eine anwendungsorientierte Forschungseinrichtung an der Universität, ein An-Institut. Seine Aktivitäten sind auf Methoden und Werkzeuge der Informatik für die industrielle Automation gerichtet. Es wurde 1983 - auf Initiative des Ministerpräsidenten des zuständigen Bundeslandes - durch Universitätsprofessoren der Informatik und des Maschinenbaus ins Leben gerufen und schließlich 1984 mit nachdrücklicher Unterstützung der Universität gegründet. Seit 1985 ist das Institut eine rechtlich selbständige Stiftung des öffentlichen Rechts. Zur Zeit umfaßt es etwa 100 Mitarbeiter; der Umsatz beträgt ca. 12 Mio. DM.

Ziel der Institutsgründung war es, auf dem Gebiet der Informatik Voraussetzungen für eine engere Verbindung zwischen Wissenschaft und Industrie zu schaffen. Zielgruppen institutioneller Aktivitäten sind Anwender von Informationsystemen und Anbieter von technischen Produkten, die den Anteil von informationsgestützten Komponenten erweitern wollen. Infra-, Organisations- und Personalstruktur sind eigens auf Auftragsforschung und Projektabwicklung ausgerichtet.

Das Institut wurde als interdisziplinäres Zentrum gegründet; die Mitarbeiter kommen aus der Informatik, der Elektrotechnik und dem Maschinenbau. Es besteht aus zehn Forschungsbereichen bzw. Abteilungen (im Text einheitlich als Forschungsgruppen bezeichnet) und drei Zentralbereichen. Letztere umfassen die Bereiche Technologietransfer und Technik, Rechner & Kommunikation und die Geschäftsführung.

Das Institut gliedert sich in folgende Forschungsgruppen:

- *Technische Expertensysteme und Robotik (TE&R):* Entwicklungen, Beratungen und Dienstleistungen auf Gebieten der angewandten künstlichen Intelligenz und Bau mobiler Roboter bzw. von Teilkomponenten wie Steuerung, Kommunikationseinrichtungen, Sensorik sowie der dazu gehörigen Software;

- *Interaktive Planungstechnik (IPT)*: Entwicklung von interaktiven Planungstechniken für technische Prozesse im Fertigungsbereich, in der Prozeßsteuerung, in Anwendungen der Robotik und in der Verkehrsplanung sowie Entwicklung von CIM-Systemen sowie Anwendung neuronaler Netze in der Robotik;

- *CAD/CAM-Technologie (CAD/CAM)*: Entwicklung von Methoden und rechnerunterstützten Verfahren für die Planung, Realisierung und Nutzung von CAD/CAM-Systemen im Produktentstehungsprozeß;

- *Datenbanksysteme (DBS)*: Entwicklung von Datenbanktechnologie zur Unterstützung technischer Anwendungen wie CAD/CAM/CIM, beispielsweise auf den Gebieten VLSI-Entwurf, Software-Entwicklung, Lagerhaltung, Schiffbau;

- *Programmstrukturen (PROST)*: Entwicklung von Methoden und Hilfsmitteln zur wirtschaftlichen Erstellung und Nutzung von Software;

- *Leistungsoptimierung von Rechnersystemen und Datenkommunikation (LORD)*: Leistungsbewertung und -regelung von Rechensystemen (Entwicklung von Meß- und Analysewerkzeugen, Benchmarksystemen sowie Leistungsreglern speziell für Groß- und Parallelrechner);

- *Automatisierung des Schaltkreisentwurfs (ACID)*: Entwicklung und Erprobung von Werkzeugen zur Automatisierung des VLSI-Schaltkreisentwurfs mit dem Ziel eines schnellen und kostengünstigen Entwurfs von kundenspezifischen integrierten Schaltungen;

145

- *Mikrorechnertechnik (MRT)*: Forschung und Entwicklung von Methoden, Verfahren und Hilfsmitteln für verteilte intelligente technische Systeme mit den Schwerpunkten Steuerungstechnik und Elektronik, Kommunikationstechnik, Test und Inbetriebnahme in der Mikrosystemtechnik;

- *Systementwurf in der Mikroelektronik (SIM)*: Methoden und Werkzeuge zur Unterstützung des Entwurfs mikroelektronischer Systeme;

- *Elektronische Systeme und Mikrosysteme (ESM)*: Entwicklung, Einsatz und Bewertung von Methoden, Werkzeugen und integrierten Entwicklungsumgebungen zur Unterstützung der frühen Phasen des Entwurfs von elektronischen Systemen und Mikrosystemen in Anwendungen der Meß-, Steuer- und Regelungstechnik.

Vor allem in jüngster Zeit findet, ausgehend von den immer komplexeren Aufgaben und den Anforderungen des Marktes - bezogen auf diverse Themenstellungen - eine Vernetzung verschiedener Forschungsbereiche statt. Die interdisziplinäre Vernetzung der Forschungsgruppen bei der Belegung verschiedener Kompetenzfelder zeigt *Tabelle A-1.3.1*.

Tab. A-1.3.1: **Kompetenzfelder des Instituts B nach Forschungsgruppen**

Forschungsgruppen Kompetenzfeld	TE&R	IPT	CAD/CAM	DBS	PROST	LORD	ACID	MRT	SIM	ESM
Entwicklungsumgebungen und Frameworks	●		●	●	●		●		●	
Verwaltung technischer Daten (EDM)			●	●						
Qualitätssicherung	●		●	●	●			●		
Automatisierung des Entwurfs mikroelektronischer Komponenten							●		●	●
Technik und Management von Datenübertragungsnetzen						●				
Paralleles und verteiltes Rechnen				●		●				
Wissensbasierte Systeme / Neuronale Netze		●	●							
Lösungen für Konstruktion, Planung und Fertigung	●		●							
Intelligente Automatisierungssysteme								●		
Lösungen für Transport und Verkehr	●									

● beteiligte Forschungsgruppen

Unter Verantwortung eines oder mehrerer Forschungsgruppen wurde eine Reihe von Demonstrationslaboren eingerichtet. Dazu gehören: das Software-Labor, das PROFI-BUS-Zentrum, das CA-Technologie-Labor, das ASIC-Entwurfslabor, das KI-Labor, das Robotik- und Mechaniklabor. Sie dienen dazu, eigene Forschungsergebnisse "nach außen" zu demonstrieren, dabei Komponenten anderer Anbieter und Kooperationspartner einzubeziehen und Teilnehmern von Transferveranstaltungen (z.B. bei Seminaren) ein unmittelbares praktisches Erfahren des vermittelten Stoffes zu bieten.

Den Forschungsgruppen stehen ein Bereichsleiter (Lehrstuhlinhaber an der Universität) und ein Abteilungsleiter (Institutsangestellter) vor. Die Arbeitseinheiten haben Projekt-verantwortung und werden als "Profitcenter" geführt; Dienste für diese werden direkt verrechnet und entsprechend finanziell getragen.

Die Zentralbereiche vertreten folgende Arbeitsfelder:

Der *Bereich Technologietransfer und Technik* richtet seine Arbeiten auf den Aufbau und die Pflege von Kontakten zu Firmen, Verbänden und kommunalen Einrichtungen; die Beratung von Interessenten zu informatikrelevanten Wirtschafts- und Forschungs-förderung auf Landes-, Bundes- und EU-Ebene sowie die Vermittlung von kompetenten Fachkontakten; das Gesamtmarketing des Dienstleistungsangebotes; die Beratung der Forschungsbereiche in Fragen der Öffentlichkeitsarbeit, des Kunden- und des Informati-onsdienstes.

Der *Bereich Rechner- und Datenkommunikation* ist verantwortlich für die Systembe-treuung der Rechner, die Administration der hausinternen Datennetze sowie deren An-bindung an externe Kommunikationssysteme; den Aufbau und die Erweiterung der Da-tennetze und für die Beratung der Forschungsbereiche in Fragen der Systembeschaffung, Erweiterung sowie des Systemmanagements.

Die Aktivitäten der *Geschäftsführung* konzentrieren sich auf die betriebswirtschaftliche Abwicklung des Investitions-, Personal- und Sachhaushaltes. Der *Vorstand* koordiniert die Forschungs- und Zentralbereiche, trägt die rechtliche und wirtschaftliche Verantwor-tung des Instituts, spielt eine entscheidende repräsentative Rolle im Außenraum und gibt den Forschungsgruppen Unterstützung bei der Entwicklung von Kontakten zu Auftrag-gebern und Projektpartnern.

Die Fallstudie basiert auf vertiefenden Gesprächen mit dem Vorstand und mit drei For-schungsgruppen:

Die Forschungsgruppe *Mikrorechnertechnik (MRT-Gruppe)*, bestehend aus Mitarbeitern der Universität und des Instituts, gibt es seit 1985; seit 1986 widmet sie sich der Kom-munikation insbesondere für den Feldbus-Bereich. Die Arbeiten der Gruppe liegen auf dem Gebiet der verteilten intelligenten Systeme in der industriellen Automation mit den Schwerpunkten Systementwurf (Projektierung und Programmverteilung, graphische Programmierung, System- und Baugruppenentwurf), Vernetzung (Feldbus-Systeme, Sensor-/Aktorbusse, Leistungsmessung, Controller-Entwicklung), Test- und Diagnose (Konformitätstest von Rechnerbaugruppen, Feldbus-Monitoring, integrierte Testsysteme). Spezifisch für die MRT-Gruppe ist die Hinwendung zu relativ *neuen FuE-Themen* und die relativ *starke Industrieorientierung*.

Die Forschungsgruppe *Datenbanksysteme (DBS-Gruppe)* besteht als Struktureinheit seit Gründung des Instituts (1985). Die Arbeiten der Gruppe befassen sich mit der Weiterentwicklung und dem Einsatz von Datenbanktechnologien für Ingenieuranwendungen. Im besonderen geht es um die Lösung spezifischer Anwendungsprobleme durch Zusatzfunktionalität zu objektorientierten Datenbanksystemen (Produktdatenmodellierung unter Berücksichtigung industrieller Standards, Kooperationsunterstützung, Ablaufmodellierung, Wissensrepräsentation), um die Einsatzunterstützung (von objektorientierten Datenbanksystemen durch Werkzeuge für Datenbankentwurf und Evaluierung) sowie um die Erprobung spezieller Systemarchitekturen wie Parallelrechner, Workstation und Farms). Spezifisch für die DBS-Gruppe ist das *umfassend etablierte (traditionelle) Forschungsfeld* und die *starke Forschungsorientierung*.

Die Forschungsgruppe *Elektronische Systeme und Mikrosysteme (ESM-Gruppe)* wurde erst im April 1993 gebildet und rekrutiert sich aus Mitarbeitern, die bereits an einem anderen wirtschaftsnahen Institut sowie an der Universität an entsprechenden Themen arbeiteten. Die Gründung der Gruppe als selbständige Arbeitseinheit ist ein Ausdruck aktueller Entwicklungstendenzen in der Informatik und sich daraus ergebender praktischer Anforderungen: die steigende Komplexität elektronischer Systeme, begleitet von Forderungen nach mehr Qualität und nach immer kürzeren Entwicklungzeiten, machen zunehmend den Einsatz rechnergestützter Werkzeuge in den frühen Phasen des Entwurfsprozesses notwendig. Die Gruppe entwickelt eine integrierte Spezifikations-, Entwurfs- und Analyseumgebung, in der sowohl kommerzielle Werkzeuge wie i-Logix, Statemate, ISI-MatrixX und SES/workbench als auch eigenentwickelte Werkzeuge eingesetzt werden. Diese unterstützt das systematische Vorgehen von der Ideenfindung über die Konzeptentwicklung bis hin zur Entwurfsspezifikation von Hardware und Softwarekomponenten. Besondere Merkmale der ESM-Gruppe sind das erst *kurze Bestehen* der Abteilung und die *enge Kooperation mit industriellen Anwendern*.

1.3.2 Leistungskriterium 1: Strategische Geschäftsfeldplanung und industrieller Bedarf

Die im Rahmen des ersten Leistungskriteriums zu beantwortenden Fragen und die dabei vom Vorstand und den Forschungsgruppen vergebenen Relevanzen zeigt die *Tabelle* A-1.*3.2.*

Tab. A-1.3.2: Kohärenz von strategischer Geschäftsfeldplanung und technologischem Unterstützungsbedarf des industriellen Sektors

	Elemente	Institut B			
			Gruppen		
		ges.	MRT	DBS	ESM
1	Werden aktuelle und absehbare Marktentwicklungen hinreichend beachtet (Beschaffungsmärkte und Angebotsmärkte) ?	■	■	■	■
2	Werden aktuelle und absehbare Technologieentwicklungen auch im Umfeld hinreichend beachtet?	■	■	■	■
3	Reagiert das Institut frühzeitig mit neuen Themen auf (nicht technische) globale, soziale, politische, ökologische Trends?	□	□	□	●
4	Nimmt das Institut aktiv Einfluß auf die technologischen Zielsetzungen der Wirtschaft (Sensibilisierung für technologische Herausforderungen)?	■	■	●	■
5	Entspricht die strategische Geschäftsfeldentwicklung (Forschungsgruppen, Leistungsangebote) den Herausforderungen der Elemente 1 - 4?	■	●	■	■
6	Entspricht das technologische und industrielle "networking" (strategische Allianzen etc.) den Herausforderungen der Elemente 1 - 4?	■	■	■	■
	Relevanz: ■= unerläßlich ●= wichtig □=wünschenswert				

Werden aktuelle und absehbare Marktentwicklungen hinreichend beachtet (Beschaffungsmärkte und Angebotsmärkte)?

Dieser Prüfungsfrage maßen unsere Interviewpartner eine hohe Relevanz *(unerläßlich)* bei, zumal die Informatik ein sich besonders schnell entwickelndes Feld der Forschung und industrieller Anwendung sei. Jüngste organisatorische und thematische Veränderungen im Institut seien ein Versuch, sich der Dynamik der Weltmärkte und den tiefgreifenden industriellen Strukturwandel anzupassen. Dazu gehöre zum Beispiel die personelle Stärkung des Vorstandes durch "Industriekompetenz", die Vernetzung der Abteilungen über eine durch den Vorstand definierte Strategie oder auch Analysen und Überlegungen zur Verkürzung von "Durchlaufzeiten" (Liegezeiten zwischen zwei Arbeiten) über die Lösung von Kommunikations- und Softwareproblemen.

Marktbezogene strategische Entscheidungen verlangen aus der Sicht des Instituts Antworten auf solche Fragen wie: Was ist der Markt des Instituts, wo liegen die institutseigenen Kompetenzen, was sucht und wünscht der Kunde, insbesondere die Industrie? Informationen über aktuelle und absehbare nationale und internationale Marktentwicklungen erhalte das Institut überwiegend von außen - über Presse, Messen, Ausstellungen, Firmenbesuche, Beteiligung an Diskussionen zu Förderprogrammen, die Mitwirkung in Gremien (z.B. bei der EU-Stabstelle ESPRIT) und über Verbundprojekte. Auch der Förderverein des Instituts unterstütze die Analyse von Markttendenzen. Gleichzeitig würde die Eigeninitiative der Mitarbeiter zur Früherkennung von Markttrends gefördert.

Die MRT-Gruppe nutze für deren Identifizierung auch offizielle Marktstudien, Diplom- und Studienarbeiten sowie ihr PROFIBUS-Labor. Mit Besuchern des Labors werde unter anderem über aktuelle Marktentwicklungen und deren Probleme diskutiert (1993 haben mehr als 100 Unternehmen und mehr als 500 Besucher diese Abteilung besucht). Die DBS-Gruppe definiere ihren Markt aus den Möglichkeiten, öffentliche Fördermittel einzuwerben, aus Bedürfnissen von Softwarehäusern oder ähnlichen Endanwendern im Hinblick auf datenbankunterstützte Anwendungssysteme und aus Bedürfnissen von Datenbanksystementwicklern. Aus der Sicht der ESM-Gruppe gibt es zwei Strategien zur Bearbeitung des Marktes: erstens, die Analyse marktbetriebener Nachfrage auf einem Themengebiet, zweitens die Erzeugung eines Angebots. Letzteres spielt in der Gruppe eine große Rolle, weil sie sich gut in der Lage sieht, Nachfrage (Folgeaufträge) zu wecken, insbesondere dann, wenn zuvor (über öffentliche Förderung) bereits erfolgreiche Forschung gelaufen ist und Prototypen präsentiert werden konnten.

Gleichzeitig wurde in einigen Gesprächen darauf verwiesen, daß es recht schwer sei, Marktentwicklungen zu identifizieren: So könnten kleine und mittlere Unternehmen oft selbst nicht ihre Probleme artikulieren oder dessen Ursachen benennen. Ein weiteres Problem bestünde in der Definition von Märkten unter Berücksichtigung der vorherrschenden Technologiepolitik. Dazu ein Beispiel aus der DBS-Gruppe: Datenbanksysteme seien aus ihrer Sicht marktrelevant. In Europa aber sei dieser Angebotsmarkt kaum entwickelt, und er werde von Amerika beherrscht. Diese Situation führe zu folgendem Dilemma: Soll die Gruppe den Bereich der Datenbank-Technologieentwicklung aufgeben und entsprechende Leistungen von außen beziehen, oder soll das für die Zukunft eventuell erforderlich Know-how dennoch aufgebaut werden? Zur Zeit könne niemand (EU, BMFT, Landesregierung, Industrie) eine solche Frage beantworten. Aus der Sicht des Instituts ist der Markt für Datenbanksysteme nicht klar definiert; öffentliche Mittel wären nötig für die Pflege solcher Gebiete. Aber dies wiederum setze politische Entscheidungen voraus. Ein drittes Problem hob die ESM-Gruppe hervor: Um Trends zu erkennen und zu verfolgen müsse man fest in der modernen Technologieentwicklung stehen. Wenn aber der Vorsprung anderer Akteure bereits sehr groß sei, wäre es in Anbetracht begrenzter FuE-Ressourcen nicht immer möglich und/oder rentabel, ein Thema aufzugreifen, auch wenn der Markt danach ruft.

Indikatoren zur Messung dieses Leistungskriteriums könnten sein: organisatorische und thematische Veränderungen (Personalveränderungen) am Institut, konkrete Aktivitäten zur Analyse von Angebots- und Beschaffungsmärkten und eventuell die Angebotserteilung im Verhältnis zu deren Ablehnung. Allerdings sei der letztgenannte Indikator zu Zeiten der Kürzung von FuE-Aufwendungen (seitens) der Industrie schwer handhabbar. Außerdem wolle sich das Institut auch für Zeiten rüsten, in denen FuE-Kapazitäten wieder stärker nachgefragt werden.

Werden aktuelle und absehbare Technologieentwicklungen (auch im Umfeld) hinreichend beachtet?

Die vorausschauende Technologieentwicklung wurde von allen Interviewpartnern als *unerläßlich* eingestuft; durch die starke Universitätsorientierung des Instituts kämen viele eigene Technologieentwicklungen aus der Grundlagenforschung. Die Gespräche zeigten aber auch, daß es nicht einfach ist, zukunftsträchtige, technologische Trends zu erkennen bei gleichzeitiger Entscheidung über eigene Arbeitsstrategien. So verwies die MRT-Gruppe darauf, daß die Feldbus-Technologie (als ein "Milliarden-Geschäft") sehr umkämpft ist, da die Marktanteile hier noch nicht geklärt sind. Dennoch sollte nicht sogenannten Trendmachern nachgelaufen werden, auch diese könnten falsche Akzente setzen. Außerdem gäbe es hierbei ein Mittelproblem; die Realisierung mittel- und langfristiger Strategien verlange eine öffentliche Förderung, denn die Industrie denke primär in zwei-Jahreszkylen.

Die Identifizierung perspektivreicher technologischer Entwicklungen erfolgt nach Ansicht der Befragten vor allem über persönliche Kontakte und sei insbesondere eine Aufgabe der Professoren, die eine langjährige Erfahrung auf ihrem Gebiet haben. Die MTR-Gruppe führe insbesondere im Zuge der labormäßigen Testung von Produkten der Unternehmen Gespräche über aktuelle und zukünftige technologische Trends.

Um zu ermitteln, in welchem Grade Technologieentwicklungen durch ein Institut/eine Gruppe beobachtet werden, sollten solche Indikatoren genutzt werden wie durchgeführte Studien, Messe-Besuche (Anzahl, aktiv/passiv), Umfang der zur Verfügung stehenden Fachliteratur, Anzahl der gelesenen Fachliteratur, Forschungsaufenthalte bei Firmen.

Reagiert das Institut frühzeitig mit neuen Themen auf (nichttechnische) globale, soziale, politische, ökologische Trends?

Auf globale, soziale, politische, ökologische Trends zu reagieren, wurde *überwiegend* als *wünschenswert* eingestuft. Die relativ niedrige Relevanz wurde damit begründet, daß das Institut sehr technologieorientiert sei und es für eine wissenschaftliche Einrichtung sehr schwer sei, solche Trends zu erkennen und daraus Innovationsstrategien abzuleiten. Dennoch beoabachte das Institut solche Trends. So arbeite man mit zwei arbeitswissenschaftlichen Instituten zusammen, um soziale Trends im Bereich der objektorientierten Informatik zu berücksichtigen. Auch im Bereich der Umweltinformatik werde versucht, auf ökologische Trends zu reagieren.

Nimmt das Institut aktiv Einfluß auf die technologische Zielstellungen der Wirtschaft?

Die Wirtschaft für technologische Herausforderung zu sensibilisieren wird *überwiegend* als *unerläßlich* eingestuft. Seitens des Vorstands wurde vor allem die beratende Funktion gegenüber Unternehmen hervorgehoben (mittels Informationen u.a. über Publikationen, Veranstaltungen wie "Tag der Offenen Tür" oder Vortragsreihen). Zugleich wurde festgestellt, daß es auf Institutsebene schwer sei, nachzuvollziehen, ob tatsächlich eine Sensibilisierung der Industrie für technologische Herausforderungen stattfand. Die DBS-Gruppe unterstrich diese Einschätzung und meinte, daß die Industrie auch schwer zu beeinflussen sei: Große Unternehmen besäßen selbst eine Forschungsabteilung und nähmen nur in besonderen Fällen Hilfe seitens eines Instituts in Anspruch; bei kleinen und mittleren Unternehmen seien es nur die technologieorientierten, die Hilfe bei einem Institut suchen und auch offen gegenüber neuen Ideen sind. Die beste (erfolgreiche) Methode, auf die Industrie Einfluß zu nehmen, bestehe in der Initiierung und Durchführung von Verbundprojekten oder in persönlichen Beziehungen.

Es wurden folgende Indikatoren genannt, die einen aktiven Einfluß nachweisen können: Anzahl der Aufträge, die aus der Wirtschaft kommen; die Anzahl der Konsortien/Verbundprojekte, die auf Initiative der Gruppe zusammenkommen; Anzahl von Beratungsgesprächen und Akquisitionen; Anzahl initiierter neuer Produkte in den Unternehmen. Zum letztgenannten Indikator zwei Beispiele: Die ESM-Gruppe habe mit ihrem Know-how direkt Produkte von Software-Unternehmen und mit neuen Werkzeugen indirekt firmeninterne Abläufe (unter anderem zwecks Automatisierung und Qualitätssteigerung) beeinflußt bzw. entsprechende Projekte durchgeführt. Die MRT-Gruppe erkannte z.B., daß Elektronik (u.a. im Auto) aus ökonomischen Gründen parallel zu dessen Entwicklung getestet werden müsse; dafür sind Testgeräte erforderlich. Mit dieser Überlegung habe die Gruppe die Industrie sensibilisiert und ein Verbundprojekt initiiert.

Entspricht die strategische Geschäftsfeldplanung (Forschungsgruppen, Leistungs-angebote) den Herausforderung der Elemente 1 bis 4?

Die strategische Geschäftsfeldentwicklung erhielt als Leistungskriterium *überwiegend* eine hohe Relevanz *(unerläßlich)*. Aus der Sicht des Vorstandes können Probleme bei der Realisierung der Geschäftsfeldplanung entstehen, da das Institut von der Dynamik der jungen Mitarbeiter (Doktoranden) lebt. Die Fünfjahresverträge würden mitunter die Durchsetzung einer strategischen Geschäftsfeldentwicklung erschweren. Die Bildung und Realisierung von Strategien werde unterstützt durch eine jährliche Klausur der Führungskräfte, durch das monatliche Abteilungsleitertreffen und durch eine "Karriereplanung" (Befähigung junger Akademiker, marktorientiert zu arbeiten).

Die MRT-Gruppe wies darauf hin, daß sie Risikoprojekte übernehme, die gewerbliche Unternehmen nicht durchführen würden. Dabei versuche die Gruppe, fachlich einen Vorsprung von vier bis fünf Jahren gegenüber der Industrie zu haben. Einfluß auf die Geschäftsfeldplanung werde über die Personalpolitik und die Projektentwicklung ge-nommen: dazu gehöre ein ausgewogenes "professional"/"non-professional" Verhältnis und ein ausgewogenes Verhältnis zwischen Verbund- und Industrieprojekten. In den Verbundprojekten werden Erkenntnisse erarbeitet, die bei den nachfolgenden Industrie-projekten modifiziert und weitergegeben werden sollen. Die DBS-Gruppe lege ebenfalls großen Wert auf die personelle Entwicklung. Bei Neueinstellungen werde auf einschlä-gige Vorkenntnisse unter besonderer Berücksichtigung der fachbezogenen Entwicklung und Anwendungsoriertierung geachtet. Überlegungen zur Geschäftsfeldplanung hätten in der Gruppe unter anderem dazu geführt, daß sich die fachlichen Schwerpunkte von der Entwicklung innovativer Datenbanksysteme zur Einsatzunterstützung von Daten-banksystemen (mit marktorientierten Themen) verlagerten. Fortschritte der Mikrosy-stemtechnik und ein entsprechender Bedarf des Marktes führten in jüngerer Zeit zur Gründung der ESM-Gruppe; das Institut besaß bis dahin auf diesem Gebiet nicht genü-gend Kompetenz. Die neue Gruppe besitze eine ausgeprägte Anwendungsorientierung, was sich auch anhand der Ausbildungsrichtung zeige; von den sieben hier tätigen Wis-senschaftlern sind allein sechs Elektrotechniker.

Aktivitäten zur strategischen Geschäftsfeldplanung könnten anhand folgender Indikato-ren gemessen werden: Gründung von neuen und Schließung von alten Forschungsgrup-pen, Personalstruktur der Forschungsgruppe (Fachgebiete, Verhältnis von "profes-sional"/"non-professional"), Verhältnis von Verbund- und Industrieprojekten, Aktivitä-ten zur Konzipierung und Realisierung von Strategien.

Entspricht das technologische und industrielle "networking" (strategische Allianzen etc.) den Herausforderungen der Elemente 1 bis 4?

Die Herstellung strategischer Verbindungen ist aus der Sicht aller Gesprächspartner *unerläßlich*. Die hohe Relevanz ergäbe sich unter anderem daraus, daß das Institut nicht einer bestimmten Branche angehöre; es müßten Kenntnisse aus mehreren Branchen im Institut synthetisiert werden. Dafür werde auch Wissen anderer Einrichtungen genutzt. Zum Beispiel gäbe es eine Zusammenarbeit auf dem Gebiet "Graphics" mit Unternehmen und Institutionen, in denen darüber umfassendere Kenntnisse vorliegen. Wichtig für das Institut sei auch der "public-domain-software"-Markt; der Benutzer erhielte von ihm Impulse für viele Verbesserungsvorschläge bzw. Ideen zur Weiterentwicklung.

Im Verhältnis zu industrieorientierten seien die technologieorientierten strategischen Allianzen im Institut stärker ausgeprägt, denn das Institutsziel bestehe primär darin, technologische Erkenntnisse anzubieten. Produktorientierte strategische Allianzen ergaben sich vor allem dadurch, daß das Institut selbst keine Produkte vertreibe und daher mit Firmen kooperiere, die FuE-Ergebnisse des Instituts produktfähig machen bzw. auf den Markt bringen.

Sehr viel Wert werde auch auf die grenzüberschreitenden Kooperationen und Allianzen gelegt, allerdings seien sie nur aufwendig zu realisieren. So hätten EU-Projekte trotz Genehmigungsdauer von ca. drei Jahren eine streng festgelegte Zielsetzung. In dieser langen Zeit würden sich oftmals technologische Trends und der Bedarf ändern, so daß eine Modifikation und Aktualisierung des Projekts erforderlich wäre. Eine solche Veränderung widerspräche dann aber der zunächst definierten Zielsetzung und bereite rückwirkend bei der Genehmigung Probleme. Die MRT-Gruppe versuche, ein ausgewogenes Verhältnis zwischen nationalen und internationalen Projekten (insbesondere EU) zu erreichen. Die Gruppe erwarte, daß in der Zukunft die Forschung (auch der Industrie) noch stärker internationalisiert werde.

Voraussetzung für nationale und internationale strategische Allianzen sei, daß insbesondere der Bereichsleiter aktiv in entsprechenden Gremien und Netzwerken wirksam ist. Überhaupt würde das technologische und industrielle "networking" vielmehr über einzelne Personen laufen. Als Indikatoren für die Messung dieses Kriteriums wurden daher vorgeschlagen: die Gremientätigkeit (u.a. nach Gebieten), durchgeführte Projekte (insbesondere Verbundprojekte), die Mischung zwischen nationalen und internationalen Projekten.

1.3.3 Leistungskriterium 2: Wissenschaftliche und technologische Kompetenz

Die im Rahmen des zweiten Leistungskriteriums zu beantwortenden Fragen und die dabei vergebenen Relevanzen zeigt *Tabelle* A-1.*3.3*.

Tab. A-1.3.3: Wissenschaftlich-technologische Kompetenz

		Institut B			
	Elemente		Gruppen		
		ges.	MRT	DBS	ESM
1	Ist das Institut hinreichend in der (inter-) nationalen Fachöffentlichkeit präsent (z.B. Publikationen, Fachgremien, Tagungen) ?	■	■	■	■
2	Hat das Institut in den vergangenen zehn Jahren bedeutende wissenschaftliche Erkenntnisse hervorgebracht?	•	□	•	•
3	Hat das Institut in den vergangenen fünf Jahren bedeutende technologische Entwicklungen hervorgebracht?	•	•	•	■
4	Wann und wie erfolgte der Einstieg in neue Technik-Technologiefelder (frühzeitig/aktiv vs. spät /reaktiv)?	■	•	■	□
5	Kooperiert das Institut hinreichend mit Hochschulen (Uni/FH) und anderen wissenschaftlichen Einrichtungen?	■	■	■	■
6	Ist das Institut Initiator/Koordinator bedeutender nationaler, internationaler Verbundforschungsprojekte?	■	■ •	■	■
	Relevanz: ■ = unerläßlich • = wichtig □ = wünschenswert				

Ist das Institut hinreichend in der internationalen Fachöffentlichkeit präsent (zum Beispiel über Publikationen, Fachgremien, Tagungen)?

Die Präsenz in der Fachöffentlichkeit wurde von allen Gesprächspartnern als *unerläßlich* angesehen. Gerade für ein "An-Institut" seien Publikationen und abgeschlossene Graduierungsarbeiten (Diplomarbeiten, Promotionen) außerordentlich wichtig. Gleichzeitig wurde eingeschätzt, daß das Institut über Publikationen noch stärker an seinem Bekanntheitsgrad arbeiten müsse. So seien die Mitarbeiter in den Fachzeitschriften gut vertreten; wesentlich seien aber auch Artikel über die Forschung und das Institut in querschnittsorientierten (anwendungsorientierten) Zeitschriften. Indikatoren für dieses Leistungskriterium könnten sein: die Anzahl der Veröffentlichungen, das Verhältnis zwischen wissenschaftlichen Zeitschriften und Zeitschriften mit angewandtem Charakter, die Teilnahme an Tagungen, externe Vorträge.

Hat das Institut in den vergangenen zehn Jahren bedeutende wissenschaftliche Erkenntnisse hervorgebracht?

Die Hervorbringung bedeutender wissenschaftlicher Erkenntnisse wird am Institut *überwiegend* als *wichtig* angegeben. Die Anbindung des Instituts an die Universität impliziere eine gewisse Arbeitsteilung: wissenschaftliche Erkenntnisse würden primär an der Universität hervorgebracht; im Institut hingegen entstehe vor allem industrieorientiertes Wissen. Daraus resultiere eine enge Kooperation zwischen Universität und Institut. Fallweise - vor allem wenn an der Universität kein vergleichbares Arbeitsgebiet existiere - entstünden wissenschaftliche Erkenntnisse auch im Institut. Wissenschaftliche Erkenntnisse werden hier insbesondere über Promotionsverfahren - einem Schwerpunkt des Instituts - gewonnen. In diesen Graduierungsarbeiten werde überwiegend versucht, in der Praxis funktionierende Zusammenhänge wissenschaftlich zu belegen. Den im Rahmen von Promotionen gewonnenen wissenschaftlichen Erkenntnissen fehle allerdings oftmals die notwendige Breitenwirksamkeit. Sie würde eine rege Publikationstätigkeit der Doktoranden verlangen; dieser steht jedoch z.T. eine Beendigung des Arbeitsverhältnisses am Institut (bzw. der Eintritt in neue Berufsfelder) entgegen. Ein möglicher Indikator für bedeutende wissenschaftliche Erkenntnisse könnten erteilte Fachpreise sein.

Hat das Institut in den vergangenen fünf Jahren bedeutende technologische Entwicklungen hervorgebracht?

Die Hervorbringung bedeutender technologischer Entwicklungen wurde von allen Gesprächspartnern als *wichtig bis unerläßlich* angesehen. Allerdings vollziehe das Institut eine gewisse Gratwanderung zwischen neuen technologischen Entwicklungen (fachlicher Anerkennung) und industrieller Realisierung (Marktakzeptanz). Überwiegend würden neue technologische Entwicklungen über die systematische Bearbeitung vorhandener Projekte verfolgt, weniger über eine gezielte Analyse entsprechender Trends. Außerdem würden "bedeutende" ("große") technologische Entwicklungen die Institutskraft übersteigen; vielmehr ginge es dem Institut bzw. seinen Forschungsgruppen um Beiträge zu entsprechenden technologischen Entwicklungen.

Bedeutende technologische Arbeiten im institutionellen Sinne seien: Die Generierung einer Technik zur "Mustererkennung"; "Pionierarbeiten" auf dem Gebiet der Entwicklung projektorientierter und aktiver Datenbanksysteme; die Entwicklung einer kompletten Werkzeugumgebung und Methoden für die Automobilindustrie, um frühzeitig Probleme spezifizieren zu können.

*** Wann und wie erfolgt der Einstieg in neue Technologiefelder?***

Die Frage, wann und wie (frühzeitig/aktiv oder spät/reaktiv) der Einstieg in neue Technologiefelder erfolgen soll, wurde durch die Gesprächspartner mit sehr unterschiedlichen Relevanzen belegt: von *unerläßlich* bis nur *wünschenswert.* Diese Gewichtungen zeigen an, daß themen- oder bereichspezifisch verschiedene Strategien verfolgt werden.
So spiele das Alter einer Gruppe eine große Rolle. Vor fünf Jahren habe z.B. die MRT-Gruppe (damals neu am Institut) eher reaktiv agiert. Inzwischen dominiere eine aktive Strategie (z.B. unterstützt durch regelmäßige Brainstorming-Sitzungen). Der Leiter sei in einer Reihe von Fachgremien vertreten, wo neue Trends vorgestellt, Strategien diskutiert und beschlossen werden (z.B. in einem Programmkommittee des BMFT und im Mikrosystemtechnik-Programmzirkel).

Im Falle der Verfolgung aktiver Strategien würden Forschungsthemen zunächst am Lehrstuhl (an der Universität) aufgebaut, Wissen generiert und danach in die entsprechenden Abteilungen des Instituts getragen. Für die DBS-Gruppe ergäbe sich z.B. folgendes Bild: frühzeitig/aktiv erfolgte der Einstieg in die Gebiete objektorientierte Datenbanksysteme (1985 - 1993, Thema aus der Uni hereingetragen); parallele Datenbanksysteme (1985 - 1992, Thema aus der Uni hereingetragen); aktive Datenbanksysteme (1987 bis heute, mit Unterbrechungen); Konsistenzsicherung (Impulse kamen aus der Uni und aus dem Damaskus-Projekt); PCTE (1987 bis heute, mit Unterbrechungen, Impulse kamen aus dem Institut); Framework-Technologie (1989 bis heute, als Verbundprojekt im Institut entwickelt). Ein später/reaktiver Einstieg erfolgte z.B. in den Themengebieten Wissensverwaltung (1989 bis heute); Datenbankentwurf (1992 bis heute, aber: frühzeitig aktiv am Lehrstuhl); STEP/EXPRESS (1993 bis heute). Gegenwärtig wird versucht, einen frühzeitigen/aktiven Einstieg zu finden hinsichtlich des Reengineering, der Altlastenproblematik (am Lehrstuhl nicht von Interesse); hinsichtlich Informationssystemen bei zunehmender Vernetzung und bezogen auf unscharfes Wissen, unscharfe Anfragen (Impulse kommen hier auch aus dem Institut).

Generell sei es für das Institut zwar wichtig, frühzeitig in ein Gebiet einzusteigen, aber nicht immer möglich. Als Hilfsmittel für schnelles Besetzen von Technologiethemen sei das Instrument "Kompetenzfelder" (vgl. *Tabelle 1.3.1*) entwickelt worden. Für die Projektbearbeitung würden vor allem interdisziplinäre Gruppen favorisiert. In mehr als ein Viertel der Projekte (gemessen nach dem Volumen) seien zwei oder mehr Forschungsbereiche involviert. Ein großer Vorteil für das Institut sei der schnelle Zugriff auf junge Experten (Diplomanden und Doktoranden), die dynamisch und mutig in neue Technologiefelder einsteigen.

Kooperiert das Institut hinreichend mit Hochschulen und anderen wissenschaftlichen Einrichtungen?

Die Organisationsstruktur des Instituts bedingt eine enge Bindung zur Universität; alle Befragten bezeichneten dieses Kriterium als *unerläßlich*. Zusammenarbeit mit anderen Hochschulen und wissenschaftlichen Einrichtungen (auch ausländischen) erfolge über die studentische Ausbildung (Durchführung von Lehrveranstaltungen und Praktika, Betreuung von Diplomarbeiten), über die Betreuung von Promotionen, über einen partiellen Mitarbeiteraustausch und schließlich über Projektzusammenarbeit (insbesondere Verbundprojekte).

Ist das Institut Initiator oder Koordinator bedeutender nationaler oder internationaler Verbundforschungsprojekte?

Die Initiierung oder Koordination bedeutender nationaler oder internationaler Projekte bezeichneten alle Gesprächspartner als *unerläßlich*. Es wurde darauf verwiesen, daß ein solches Kriterium in Relation zum Alter eines Instituts/einer Forschungsgruppe gesetzt werden müsse; für jüngere Gruppen müsse die Relevanz eines solchen Leistungskriteriums höchstens als wichtig, keinesfalls als unerläßlich eingestuft werden.

Das Institut (bzw. die Forschungsgruppen) habe in einer Reihe von Verbundprojekten (überwiegend nationalen des Bundes und des Landes, zum Teil der Europäischen Union) koordinierende Arbeiten übernommen; es sähe sich auch gern in der Funktion des Initiators neuer Verbundprojekte. Letzteres gelang bisher vor allem auf Länder- und Bundesebene, nicht auf EU-Ebene. Die Koordination von Verbundprojekten werde auch gern der Industrie überlassen, weil sie über die benötigte Infrastruktur und Erfahrungen verfüge. Die DBS-Gruppe war zum Beispiel in folgenden Verbundforschungsprojekten Initiator und/oder Koordinator: im Projekt UNIBASE, im Projekt STONE, und in einem Teilprojekt von JESSI-COMMON-FRAME.

1.3.4 Leistungskriterium 3: Wirtschaftlicher Problemlösungserfolg

Die im Rahmen des dritten Leistungskriteriums zu beantwortenden Fragen und die dabei vergebenen Relevanzen zeigt die *Tabelle* A-1.3.4.

Tab. A-1.3.4: Wirtschaftlicher Problemlösungserfolg

		Institut B			
	Elemente		Gruppen		
		ges.	MRT	DBS	ESM
1	In welchen Phasen des Innovationsprozesses ist das Institut schwerpunktmäßig tätig?				
	◆ Grundlagenforschung	□	•		
	◆ angewandte Forschung	■	■	■	■
	◆ Entwicklung	■	■	■	■
	◆ industrielle Realisierung	□	•		
2	Realisiert das Institut hinreichend industriell gewünschte Systemlösungen?	■	■	□	■
3	Werden industrielle Aufträge qualitativ zufriedenstellend erfüllt?	■	□	■	■
4	Hat das Institut einen festen Kundenstamm (davon Anteil KMU)?	•	•	□	•
5	Wurden in den vergangenen 5 Jahren neue Kunden in der Wirtschaft gewonnen?	■	■	•	■
6	Koordiniert und vermittelt das Institut erfolgreich zwischen Problemstellungen verschiedenartiger industrieller Partner?	•	•	•	■
7	Werden erfolgreich innovationsunterstützende Dienstleistungen erbracht?	•	■	•	■
8	Erfolgt ein Know-how-Transfer durch Personaltransfer in die Wirtschaft?	■	■	■	■
	Relevanz: ■ = unerläßlich • = wichtig □ = wünschenswert				

In welchen Phasen des Innovationsprozesses ist das Institut schwerpunktmäßig tätig?

In den Phasen angewandte Forschung und Entwicklung liegt der Schwerpunkt der Arbeiten des Instituts; sie erhielten daher eine hohe Relevanz *(unerläßlich)*. Industrielle Realisierungen würden - sofern überhaupt - nur in Kooperation mit der Industrie durchgeführt. Ein solches Herangehen entspräche der Zielstellung des Instituts, aber auch den organisatorischen Möglichkeiten. Denn industrielle Realisierungen verlangen langfristige Verpflichtungen (zum Beispiel für Wartungs- oder Systempflegeleistungen), das Institut könne aber angesichts der vorhandenen Personalstruktur (überwiegend befristete Verträge) diese nicht absichern. Es gebe Überlegungen, auch Personal bereitzustellen, um solche Betreuungsaufgaben zu übernehmen; bisher erschienen diese ökonomisch wenig attraktiv.

Welche Abschnitte des Innovationsprozesses bearbeitet werden könnten, hinge auch vom Profil einer Forschungsgruppe ab. So würden sich Aktivitäten der MRT-Gruppe über alle Phasen erstrecken, hier ebenfalls mit einer Betonung der angewandten Forschung und Entwicklung. Grundlagenforschung werde primär durch die den Forschungsgruppen entsprechenden Wissenschaftsbereiche der Universität realisiert.

Als Indikatoren für industrieorientiertes Arbeiten wurden die Anzahl der Firmenaufträge in Relation zu den Gesamtaufträgen und die Anzahl von Industriekooperationen, innerhalb derer industrielle Realisierungen stattfinden sollen, vorgeschlagen.

Realisiert das Institut hinreichend industriell gewünschte Systemlösungen?

Die Realisierung industriell gewünschter Systemlösungen wurde - in Abhängigkeit vom Blickwinkel der Gesprächspartner - als *unerläßlich* oder *wünschenswert* bezeichnet. So bietet z.B. die MRT-Gruppe über die Feldbus-Technologie nur Systemlösungen an: parallel werden Soft- und Hardware (Werkzeuge und Testgeräte) entwickelt.

Auf dem Gebiet der Informatik könne aber von Systemlösungen nur dann die Rede sein, wenn alle Stufen - die konzeptionelle Phase, die Entwurfs- (Auswahl-) Phase und die Realisierungsphase (Produktionsreife) durchlaufen werden. Eine Systemlösung wäre dementsprechend eine industriell voll funktionsfähige Soft- und Hardware-Lösung. Das Institut sei jedoch kein Software-Haus, das komplette Systemlösungen in diesem Sinne erstelle; dies scheitere schon allein daran, daß das Institut keine langfristigen Verpflichtungen für die Wartung von Software eingehen könne.

Die Forschungsgruppen seien präsent auf der ersten und zweiten Stufe, auf der letzten nur bedingt. Industrielle Systemlösungen könnte eine Gruppe nur in Zusammenarbeit mit industriellen Partnern erstellen; von den Gruppen könnten dann die Konzeption, die Beratung und die Prototypen übernommen werden, die industriellen Partner müßten die einzelnen Komponenten zusammensetzen und letztlich die Systemlösungen realisieren. Aus diesem Grund existierten engere Partnerschaften mit Generalunternehmen, die in der Lage sind, Systemlösungen zu verwirklichen.

Als Indikator für die Realisierung von Systemlösungen im erstgenannten Sinne wurde vorgeschlagen, die Anzahl der unterschiedlichen Aufgaben, die für die bearbeitete Technologie erforderlich sind und an denen gearbeitet wird, festzustellen.

Werden industrielle Aufträge qualitativ zufriedenstellend erfüllt?

Industrielle Aufträge qualitativ zufriedenstellend zu erfüllen wird als *unerläßlich* für das Renommee des Instituts und der Mitarbeiter eingestuft. Um dieses Ziel zu erreichen, erfolge eine interne Überprüfung von Qualität und Zeitverlauf der Arbeiten. Die einmal vergebene Relevanz *wünschenswert* bringt lediglich zum Ausdruck, daß es infolge der Mitarbeiterstruktur des Instituts (viele, beruflich relativ unerfahrene Absolventen der Universität mit Promotionsabsichten) nicht immer einfach sei, den Interessen der Industrie zu entsprechen.

Als Indikatoren für dieses Kriterium wurden vorgeschlagen: Umfang unbezahlter Nacharbeiten bei (schlecht) realisierten Aufträgen; die Dauer der durchzuführenden Arbeiten (Anmeldung bis Fertigstellung); Meilensteine (prüfen, ob solche im Projekt verpaßt worden sind); Änderungen bei Projektplänen; Anzahl (zufriedener) Projektpartner, die Ergebnisse nutzen und gegebenenfalls gemeinsam mit der Abteilung veröffentlichen; (positiver) Feedback im Verbundprojekt.

Hat das Institut einen festen Kundenstamm in der Wirtschaft (davon Anteil KMU)?

Für dieses Leistungskriterium wurde *überwiegend* die Relevanz *wichtig* vergeben, in Abhängigkeit vom Arbeitsgebiet mit relativ unterschiedlichen Einschätzungen des gegenwärtigen Standes. Abteilungen, die mehr für öffentliche Aufträge prädestiniert seien, hätten keinen festen Kundenstamm in der Wirtschaft, anders industrieorientierte Abteilungen, diese verfügten über eine stabile Kundenstruktur. Zum Beispiel: Viele der festen Kunden der MRT-Gruppe interessierten sich für Neuigkeiten aus der Forschungsarbeit der Gruppe; etwa 30% der Besucher hätten den Wunsch, immer zu Veranstaltungen eingeladen zu werden. Da die Institutsmitarbeiter in der Regel das Institut nach fünf bis sieben Jahren verlassen, seien allerdings Brüche in den aufgebauten Beziehungen zur Industrie nicht vollständig vermeidbar.

Es wurde vorgeschlagen, das Leistungskriterium durch folgende Indikatoren zu messen: Alter der Beziehungen zum Projektpartner, Anzahl der Aufträge mit festen Partnern, Anzahl der Nachfolgeaufträge.

Wurden in den vergangenen fünf Jahren neue Kunden in der Wirtschaft gewonnen?

Neue Kundenkreise in der Wirtschaft zu erschließen ist aus der Sicht unserer Gesprächspartner *überwiegend unerläßlich*. Es wurde betont, daß die Gewinnung neuer Industriepartner vor allem an die Bearbeitung neuer Forschungsthemen gekoppelt sei. Feste Kunden seien in der Regel konservativ und reagierten wenig auf neue Problemstellungen.

In der MRT-Gruppe erfolgten gegenwärtig ca. 60% der Aufträge durch neue Kunden; sie suchen Hilfe bei der Durchführung innovativer Forschungsvorhaben. Die ESM-Gruppe hat mit ihrer Gründung die Automobilindustrie als Kunden gewonnen, ebenso die Luft- und Raumfahrt. Zur Zeit gebe es Aktivitäten, um neue Kunden auf den Gebieten Haushaltsgeräte und Telekommunikation zu interessieren.

Koordiniert und vermittelt das Institut erfolgreich zwischen Problemstellungen verschiedenartiger industrieller Partner?

Koordinations- und Vermittlungsfunktionen durch das Institut bzw. Forschungsgruppen werden *überwiegend* als *wichtig* betrachtet. Entsprechende Aktivitäten umfassen auf Institutsebene die Tätigkeit im IHK-Technologiekongress, wissenschaftliche (regional-orientierte) Veranstaltungen, zu den Industrievertreter eingeladen werden, Veranstaltungen wie "Tag der offenen Tür" und auf Ebene der Forschungsgruppe insbesondere Besuche in den verschiedenen Labors. Durch die MRT-Gruppe seien bereits Unternehmen an andere Unternehmen vermittelt worden, wenn Wünsche der Industrie die Kompetenz der Forschungsgruppe überstiegen. Die Bildung von und Zusammenarbeit in Konsortien wurde von der ESM-Gruppe als unerläßlich eingeschätzt, weil nur so größere Projekte durchzuführen seien. Auch habe die Gruppe z.B. einen Kontakt zwischen der Automobilindustrie und der Luft- und Raumfahrt hergestellt, die in diesem Fall trotz aller Branchenunterschiede gleiche technologischen Probleme zu lösen hätten.

Als Indikatoren für dieses Leistungskriterium wurden genannt: die Anzahl der Vermittlungen, aktive Bildung von Konsortien, Seminare, Gremientätigkeit, Kongressorganisationen.

Erbringt das Institut erfolgreich innovationsunterstützende Dienstleistungen?

Das Leistungskriterium ist aus der Sicht unserer Gesprächspartner *wichtig bis unerläßlich*. Das Institut bietet eine Reihe von innovationsunterstützenden Dienstleistungen an: Seminare im Institut selbst oder in der IHK, Beratungen im Rahmen der Forschungslabore, Organisation von Workshops und Weiterbildungsveranstaltungen. Das Dienstleistungsangebot wird als eine wesentliche Quelle für den Aufbau von Kontakten und zur Erstehung von Nachfolgeprojekten angesehen.

Als Indikatoren zur Messung dieses Kriteriums wurden genannt: Anzahl organisierter Veranstaltungen (z.B. Seminare), Anzahl der Besucher, Umsatzanteil durch Weiterbildung, Anzahl der Teilnehmer an Weiterbildungsveranstaltungen, Umfang und Formen der Beratungstätigkeit.

Erfolgt ein Know-how-Transfer durch Personal-Transfer in die Wirtschaft?

Es ist ein erklärtes Ziel des Instituts, Mitarbeiter nach Beendigung ihres Zeitvertrages in die Wirtschaft zu transferieren (Relevanz: *unerläßlich*). Durch die Teilnahme von Mitarbeitern und Studenten an Projektbesprechungen könnten diese frühzeitig mit Industriepartnern Kontakte knüpfen. Die Verteidigung von Promotions- und Diplomarbeiten erfolge in Anwesenheit von Industrievertretern. Auch hat es Unternehmensgründungen durch ehemalige Institutsmitarbeiter gegeben; solche seien aus Gründen der Lizenzpolitik (Abtretung von Rechten an den industriellen Auftraggeber) aber eher die Ausnahme.

Als Indikatoren wurden erwähnt: Anzahl der Mitarbeiter, die das Institut verlassen und Studenten, die als Hilfskräfte über Studium- oder Diplomarbeit in Projekten mitgearbeitet haben.

1.4 Zusammenfassung

Die Fallstudien haben gezeigt, daß die herausgearbeiteten Leistungskriterien als Leitfaden für eine einzelfallgerechte Analyse von Einrichtungen der wirtschaftsnahen Forschung praktikabel sind; über die Hälfte der Leistungskriterien sind aus der Sicht beider Institute unerläßlich für die Beurteilung der Leistungsfähigkeit (Relevanzgewichtung). Bestätigt wurde auch, daß die Auswahl und Richtung der Leistungskriterien sowie entsprechender Indikatoren sich nach den Aufgabenstellungen und Arbeitsfeldern des Instituts sowie den unterschiedlichen institutionellen Rahmenbedingungen richten muß; die herausgearbeiteten Leistungskriterien können also nicht einem schematischen Meßverfahren dienen bzw. sind kein Instrument zum Leistungsvergleich von verschiedenen Instituten der wirtschaftsnahen Forschung.

Die Überprüfung der Praktikabilität der Leistungskriterien machte deutlich, daß sich der Anwender des Leitfadens, infolge gewisser (gewollter) Überschneidungen, Klarheit darüber verschaffen muß, welches "Fenster" er mit welchem Leistungskriterium konkret öffnen und/oder ob er gegebenenfalls bestimmte Leistungen des Instituts aus dem Blickwinkel unterschiedlicher Leistungskriterien bewerten möchte. Es zeigten sich auch einige wenige Differenzen im Hinblick auf die gewählte Terminologie mit Konsequenzen für die getroffenen Einschätzungen. Das war z.B. der Fall im Hinblick auf die Definition und schließlich den Nachweis "bedeutender" wissenschaftlich/technologischer Leistungen und bezogen auf das Hervorbringen industriell gewünschter "Systemlösungen". Im ersten Fall sind einzelfallbezogene Kriterien vonnöten, um "bedeutend" besser quantifizieren zu können. Der zweite Fall ergab sich aus dem spezifischen Verständnis einer Fachdisziplin: Auf dem Gebiet der Informatik wird unter einer System-lösung eine industriell voll funktionsfähige Soft- und Hardwarelösung verstanden, welche jedoch das Aufgabenspektrum des Instituts übersteigen würde. Solche begrifflichen Differenzen sind nicht völlig vermeidbar; künftige Evaluatoren sollten sich dessen bewußt sein und im Vorfeld einer Analyse institutsspezifisch das zugrundezulegende Verständnis klären.

Leistungskriterien und deren Relevanz

Die Fallbeispiele A und B machen generell deutlich, daß die erarbeiteten Leistungskriterien zur Bewertung wirtschaftsnaher Forschungsinstitute prinzipiell relevant bzw. realitätsnah sind. Über die Fallstudien war es möglich, konkret zu prüfen, ob es in Abhängigkeit vom Aufgabenspektrum und bezogen auf die Leistungskriterien ein individuelles Relevanzprofil des Instituts in Abhängigkeit von dessen Aufgabenspektrum gibt. Die geführten Interviews bestätigten dies und zeigten außerdem, daß es ebenfalls ein individuelles Relevanzprofil der Forschungsgruppen gibt.

Prinzipielle Unterschiede der untersuchten Institute A und B sind: Das Institut A ist ein Institut der industriellen Gemeinschaftsforschung und daher sehr industrienah, vertritt als Textilinstitut eine "alte" Industriebranche und besitzt als Einrichtung eine lange Tradition; das Institut B hingegen ist eine anwendungsorientierte Forschungseinrichtung an der Universität und daher sehr hochschulverbunden, vertritt als Informatikinstitut einen modernen Industriezweig und ist relativ jung. Unter anderem aus diesen institutsspezifischen Merkmalen heraus ergeben sich hinsichtlich einiger Leistungskriterien deutliche Unterschiede in der Gewichtung; einige Beispiele sollen genannt werden.

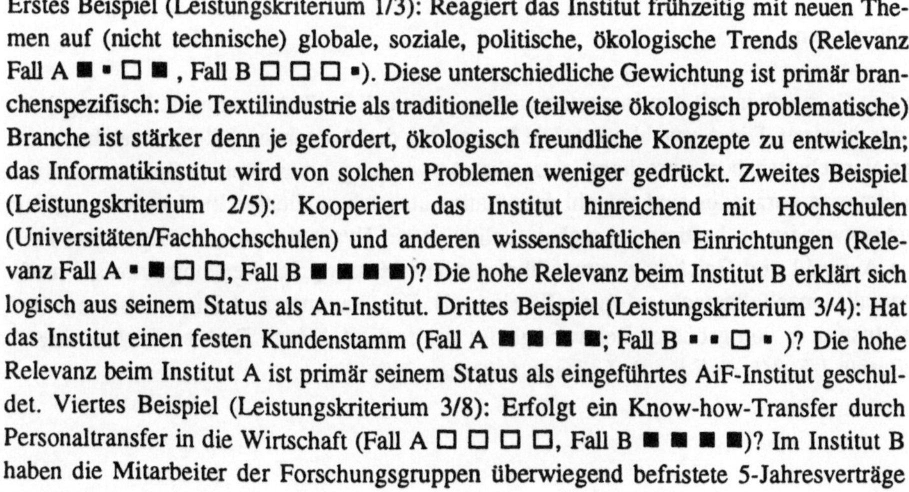

Erstes Beispiel (Leistungskriterium 1/3): Reagiert das Institut frühzeitig mit neuen Themen auf (nicht technische) globale, soziale, politische, ökologische Trends (Relevanz Fall A ■ ▪ □ ■ , Fall B □ □ □ ▪). Diese unterschiedliche Gewichtung ist primär branchenspezifisch: Die Textilindustrie als traditionelle (teilweise ökologisch problematische) Branche ist stärker denn je gefordert, ökologisch freundliche Konzepte zu entwickeln; das Informatikinstitut wird von solchen Problemen weniger gedrückt. Zweites Beispiel (Leistungskriterium 2/5): Kooperiert das Institut hinreichend mit Hochschulen (Universitäten/Fachhochschulen) und anderen wissenschaftlichen Einrichtungen (Relevanz Fall A ▪ ■ □ □, Fall B ■ ■ ■ ■)? Die hohe Relevanz beim Institut B erklärt sich logisch aus seinem Status als An-Institut. Drittes Beispiel (Leistungskriterium 3/4): Hat das Institut einen festen Kundenstamm (Fall A ■ ■ ■ ■; Fall B ▪ ▪ □ ▪)? Die hohe Relevanz beim Institut A ist primär seinem Status als eingeführtes AiF-Institut geschuldet. Viertes Beispiel (Leistungskriterium 3/8): Erfolgt ein Know-how-Transfer durch Personaltransfer in die Wirtschaft (Fall A □ □ □ □, Fall B ■ ■ ■ ■)? Im Institut B haben die Mitarbeiter der Forschungsgruppen überwiegend befristete 5-Jahresverträge (nur etwa einer von 10 besitzt einen unbefristeten Vertrag). Der Personaltransfer, u.a. in die Wirtschaft, ist ein gewolltes und notwendiges Ziel. Das Institut B ist (entsprechend den in der Fallstudie diskutierten Gründen) auf eine höhere Personalstabilität angewiesen; ein gezielter Transfer der wissenschaftlichen Mitarbeiter in die Wirtschaft liegt nicht im Aufgabenverständnis des Instituts.

Die Fallstudien enthalten zahlreiche Begründungen dafür, daß die Leistungskriterien auch auf Forschungsgruppen individuelle Anwendung finden müssen; zwei Beispiele sollen hervorgehoben werden. Erstes Beispiel (Leistungskriterium 3/6, Fall A): Koordiniert und vermittelt das Institut erfolgreich zwischen Problemstellungen verschiedener industrieller Partner? Die BIOTECH-Forschungsgruppe vergab aus ihrer Sicht die Relevanz *unerläßlich*, das Institut und die anderen Gruppen die Relevanz *wichtig*. Dies erklärt sich vor dem Hintergrund, daß die BIOTECH-Gruppe über die höchste Anzahl von Industrieprojekten innerhalb des Instituts (80 % ihrer Arbeiten sind Industrieforschung und lediglich 20 % öffentliche Forschung) und damit über eine breite Kooperationserfahrung mit der Industrie verfügt. Zweites Beispiel (Leistungskriterium 3/7, Fall A): Werden erfolgreich innovationsunterstützende Dienstleistungen erbracht? Hier ist es die Forschungsgruppe Textilmanagement/Unternehmensplanung, die *unerläßlich* statt, wie die anderen Gesprächspartner des Instituts, die Relevanz *wichtig* vergab. Dieser Unterschied erklärt sich eindeutig aus dem Geschäftsfeld der Forschungsgruppe, das direkt auf innovationsunterstützende Dienstleistungen zielt.

Nun sollten diese Beispiele, wie auch erfolgten Gewichtungen der Leistungskriterien insgesamt, nicht überstrapaziert werden, da natürlich in jeder vergebenen Relevanz ein subjektiver Faktor enthalten ist. Dieser kann bei einer echten Evaluation nicht völlig, aber stärker herausgefiltert werden.

Indikatoren

In den Gesprächen mit den Instituten wurden punktuell Indikatoren für die Leistungskriterien benannt. Die Auswahl zeigt: Die Bewertung der Aufgabenerfüllung eines Instituts der wirtschaftsnahen Forschung setzt die Anwendung eines breiten Spektrums von Indikatoren voraus; es sind sowohl quantitative als auch qualitative Indikatoren möglich und notwendig zu bestimmen, wobei qualitative bei Evaluationen überwiegen werden. Die Auswahl und Geichtung von Indikatoren zur Messung der Leistungskriterien muß ebenfalls einzelfallgerecht erfolgen. So sind z.B. Publikationen und Strategiepapiere für das Institut B von größerer Relevanz als für das Institut A (vgl. *Fall A z.B. Leistungskriterien 1/5, 2/1; Fall B z.B. Leistungskriterium 2/1*).

2. Bericht zum Workshop "Erfolgskontrolle der wirtschaftsnahen Forschung in Baden-Württemberg - Erfolgsfaktoren und Leistungskriterien -"

Am 20. Juni 1994 fand am Fraunhofer-Institut für Systemtechnik und Innovationsforschung (ISI), Karlsruhe, der Workshop "Erfolgskontrolle der wirtschaftsnahen Forschung in Baden-Württemberg - Erfolgsfaktoren und Leistungskriterien" statt. An der Veranstaltung nahmen 26 Vertreter anwendungsorientierter Forschungsinstitute, Evaluationsexperten und Repräsentanten der technologiepolitischen Administration teil. Ziel war es, ausgehend von dem Forschungsbericht des ISI, über den Stand, Probleme und mögliche Instrumentarien der Erfolgskontrolle wirtschaftsnaher Forschung zu diskutieren.

Der Leiter des Fraunhofer-Instituts für Systemtechnik und Innovationsforschung (ISI) *Dr. Frieder Meyer-Krahmer* eröffnete und moderierte die Veranstaltung. Er stellte kurz die Arbeitsfelder des Instituts vor. Seit über zehn Jahren arbeitet das ISI im Bereich der Evaluation von Förderprogrammen. Dabei zeigte sich, daß es zunehmend ein *Zusammenwachsen* der *Förderung* über *Programme* (FuE-Programme) und der *institutionellen Förderung* gibt. Erklärtes Ziel der Politik sei es, beide stärker als Einheit zu behandeln; die Entwicklung entsprechender Evaluationsinstrumente ist dafür eine notwendige Voraussetzung. Der Workshop soll hierfür einen Beitrag leisten, so Meyer-Krahmer. Den einführenden Worten folgten vorbereitete Beiträge von Experten aus der Politik, Industrie und Wissenschaft.

Ministerialdirigent Dietrich Munz vom Wirtschaftsministerium Baden-Württemberg ergriff als erster das Wort und beleuchtete als Auftraggeber zunächst den Hintergrund, vor dem die vorliegende Studie entstand. Er hob hervor, daß der in der FuE-Politik tätige Förderer es als dringlich ansieht, stets zu prüfen, ob Fördermittel effizient ausgegeben werden, dies um so mehr, wenn das Geld knapp ist und Wege zum Sparen gesucht werden.

Munz verwies darauf, daß das Wirtschaftsministerium Baden-Württemberg bereits 1988 in einem Gesprächskreis "Wissenschaft und Wirtschaft" versucht hat, Erfolgskriterien der Technologiepolitik herauszuarbeiten. Es habe sich damals gezeigt, daß mit diesem Anliegen Neuland bestritten wird, daß weder fundierte Vorarbeiten noch praktikable Evaluationsinstrumente vorlagen, auf denen hätte aufgebaut werden können. Auch aus heutiger Sicht, so Munz, gebe es auf dem Gebiet der Erfolgskontrolle von Instituten der wirtschaftsnahen Forschung zwar verschiedene Arbeiten, aber noch keine konkreten Handlungsanleitungen. Solche könnten auch nicht vom Ministerium allein entwickelt werden, sondern seien im Kontakt mit anderen Instituten *wissenschaftlich* zu *erarbeiten* und *öffentlich zwecks Akzeptanz* zu *diskutieren*. Er plädierte für eine sehr sorgfältige

Erarbeitung der Bewertungsinstrumente, bei denen auch die Spezifik der Institute der wirtschaftsnahen Forschung Berücksichtigung findet. Im Gegensatz zu Instituten der Grundlagenforschung käme es hier nicht nur auf die Qualität der Forschung an. Ein anwendungsorientiertes Institut müsse vor allem den Kunden erreichen bzw. den Dialog mit der Industrie führen; es müsse nicht nur die Entwicklung in der Forschung, sondern insbesondere auch die Umsetzung von Forschungsresultaten in Produkte und Verfahren verfolgen. Wenn ein Institut wirklich in der Lage sei, der Industrie bei ihren aktuellen Problemen Unterstützung zu geben und es in der Kooperation mit der Industrie Erfolg habe, dann sei es durchaus möglich, daß gewisse Abstriche in der Qualität der Forschung gemacht werden. Andrerseits könne aus der Sicht des Wirtschaftsministeriums die Evaluation von anwendungsorientierten Forschungsinstituten nicht nur auf der Grundlage der Messung des erzielten Anteils von Industrieaufträgen und des daraus resultierenden Umsatzes erfolgen. Ein solcher Maßstab lasse außer acht, daß diese Institute nicht nur die Aufgabe hätten, die Unternehmen bei der Bewältigung von Tagesproblemen zu unterstützen, sondern auch bei der Bearbeitung zukunftsgerichteter Technologiefelder.

Die Studie, mit der das ISI beauftragt wurde, sei nun eine Diskussionsgrundlage, von der aus weiter gearbeitet werden könne. Sie biete jedoch kein "Kochrezept" für jedes einzelne Institut. Jedes Institut - so Munz - verfolge andere Ansätze: es gebe branchenorientierte, technologieorientierte, sehr marktnahe, die Tagesprobleme der Industrie lösen, oder solche, die mehr in Neuland vorstoßen. Es seien daher unterschiedliche Gewichtungen für Erfolgsfaktoren und Leistungskriterien bezogen auf verschiedene Institutstypen notwendig.

Dr. Stefan Kuhlmann vom Fraunhofer-Institut für Systemtechnik und Innovationsforschung stellte in seinem Beitrag die wesentlichen Ergebnisse der Studie vor und nutzte dabei die Gelegenheit, sich *für die konstruktive und anregende Kooperation* mit den Leitern und Mitarbeitern des Instituts der industriellen Gemeinschaftsforschung (Fallstudie A) und dem Vertragsforschungsinstitut der Universität (Fallstudie B) zu *bedanken.*

Danach erhielt *Professor Dr. Gerhard Egbers*, Leiter des Instituts für Textil- und Verfahrenstechnik, Denkendorf, das Wort. Er machte ausgehend von der gegenwärtigen politischen Landschaft darauf aufmerksam, daß Forschungsinstitute gefordert seien, sich auch selbst zu fragen, welchen Stand sie erreicht haben, wo die Probleme liegen, wohin der weitere Weg hingehen soll. Denn von der Forschung erwarte man Impulse für den wirtschaftlichen Aufschwung; sie sollte daher industrie- und praxisnäher, produkt- und erfahrungsorientierter sein.

Aus der Sicht von Egbers ist es nicht einfach, allgemeingültige Kriterien zur Bewertung von Instituten zu entwickeln. Als Institutsleiter wisse er zwar, welche wesentliche Maßstäbe er an die Arbeit in seinem Institut anlegen müsse, aber die tiefere Diskussion über die Evaluationskriterien zeige, daß es auch eine ganze Reihe anderer, übergeordneter Bewertungsgesichtspunkte gebe, die für unterschiedliche Institute relevant sind. Die Mitwirkung an der Erarbeitung der Erfolgsfaktoren und Leistungskriterien sei für ihn Anlaß gewesen, sich intensiver mit der Personalstruktur sowie dem Stand der Technik zu beschäftigen und sich unter anderem zu fragen, wie erfolgreich das eigene Institut tatsächlich ist, was seine Maßstäbe erfolgreicher Arbeit sind, welche Forschungsergebnisse industriell umgesetzt werden konnten. Die Teilnahme an der Fallstudie gab aus seiner Sicht die *Chance für* eine *Selbstbesinnung* auf Instituts- und Gruppenebene; man habe nicht nur geholfen, einzelne Kriterien zu definieren, sondern auch überlegt, welchen Beitrag die einzelnen Arbeitsgruppen bei der Erfüllung dieser wirklich leisten.

Nach Egbers Auffassung wurden in der Studie handhabbare Kriterien erarbeitet, die für Evaluationszwecke gut geeignet sind: diese Kriterien müßten zwar an die jeweilige Institutsstruktur angepaßt werden, aber es seien künftig nur graduelle Anpassungen notwendig. Diejenigen Institute, die meinen, die Kriterien paßten überhaupt nicht, sollten sich seines Erachtens fragen, ob nicht eher am Institut statt an den Erfolgsfaktoren und Leistungskriterien etwas geändert werden sollte.

Professor Dr. Peter Lockemann, Leiter des Forschungszentrums für Informatik in Karlsruhe, begrüßte, daß in die Erarbeitung eines Kriterienkatalogs für die Evaluation wirtschaftsnaher Forschungsinstitute betroffene Einrichtungen einbezogen worden sind. Auch bei der weiteren Vervollkommnung der Erfolgsfaktoren und Leistungskriterien solle ein entsprechender Dialog im Sinne des gemeinsamen Ziels, Voraussetzungen für die Erreichung einer höheren Effizienz der Forschung zu schaffen, stattfinden. Lockemann betonte den engen Zusammenhang zwischen Erfolgsfaktoren und Leistungskriterien einerseits und institutsspezifischem Steuerungsinstrument andererseits. Eine wesentliche Frage für ihn war, wie man aus den ermittelten Erfolgsfaktoren und Leistungskriterien zu einem Steuerungsinstrument für das Institut kommen kann. Außerdem machte er darauf aufmerksam, daß neben der Anwendung von Erfolgsfaktoren und Leistungskriterien auch *Randbedingungen der Institute* beachtet werden müßten, auf die sie selbst nur in beschränktem Maße Einfluß nehmen könnten. Dazu gehören seines Erachtens solche Einflüsse wie das aktuelle (begrenzte) Nachfragepotential an Dienstleistungen für wirtschaftsnahe Forschungseinrichtungen, staatliche institutionelle Maßnahmen, die mitunter Verzerrungen herbeiführten (z.B. bei Bevorzugung bestimmter Einrichtungen und Regionen), Haushaltsregelungen, die das Bilden von Rücklagen (z.B. für "schlechte Zeiten") nur in sehr beschränktem Maße gestatteten, die Technologiepolitik selbst. Zu den Randbedingungen gehöre auch die allgemeine Wirtschaftslage, aber in dieser sehe er zugleich eine Herausforderung, der sich jedes Unternehmen wie auch jedes Institut stellen müsse.

Insgesamt schätzte Lockemann ein, daß im Rahmen der Studie eine wesentliche Verständigung darüber erfolgt sei, welche Faktoren sowohl für die Evaluation von außen als auch für die Steuerung von innen günstig und brauchbar sind. Das Institut stelle sich hinter den erarbeiteten Katalog von Erfolgsfaktoren und Leistungskriterien. Er begrüßte, daß nicht alle Forschungseinrichtungen über einem Kamm geschoren werden, daß ihr individuelles Gepräge in vielerlei Hinsicht Berücksichtigung finden soll. Es bestche nun eine Nachfolgeaufgabe darin, noch konkretere Faktoren und Kriterien für die Institute zu erarbeiten, so daß diese noch stärker als Steuerungsinstrumente Anwendung finden können.

Im anschließenden Beitrag nahm **Dr. Gerhard Becher** von der PROGNOS AG, Basel, das Wort. Er bemängelte, daß bei der FuE-Förderung häufig zu sehr der Input statt des Output betrachtet werde. Wenn wirtschaftsnahe Forschung evaluiert werden soll, dann bestehe das Ziel letztlich darin, zu ermitteln, wie mit wenig Kosten viel erreicht werden kann. Aus Sicht von Becher muß die *Evaluation* ein *kontinuierlicher Prozeß* sein. Aber kritisch sei, daß Beratungs- und Kontrollgremien ressourcenmäßig schwach ausgestattet sind. Daher stellte er die Frage, ob nicht durch eine Aufwertung dieser Gremien qualifiziertere Erfolgskontrollen möglich wären. Außerdem setzte er sich mit der Korrelation von Erfolgsfaktoren und Leistungskriterien auseinander. Infolge des großen Überlappungsbereiches sei es für ihn schwer, zwischen beiden zu unterscheiden bzw. diese richtig zuzuordnen; er illustrierte dieses Problem anhand verschiedener Beispiele. Ihm erschienen die Betrachtungen über Erfolgsfaktoren und Leistungskriterien der wirtschaftsnahen Forschung zu abstrakt.

Dr. Fredy Jäger, tätig in der Zentralen FuE der Siemens AG, berichtete über eine Studie des Zentralverbandes der Elektrotechnik und Elektronikindustrie (ZVEI), die auf Anregung des BMFT 1993/1994 durchgeführt wurde. Ziel war es, Vorschläge zur Verbesserung der Industrierelevanz staatlich geförderter Forschungseinrichtungen im Bereich der Informationstechnik vorzulegen.

Eine solche Untersuchung erschien von strategischer Bedeutung, zumal die Finanzierung der anwendungsorientierten institutionellen Forschung des BMFT im Bereich der Informationstechnik auf rund eine halbe Milliarde DM angewachsen ist und damit etwa das gleiche Finanzvolumen erreicht hat wie die Projektförderung auf diesem Gebiet (vgl. BMFT 1994b). Die Studie ist ein konkretes Beispiel für die zunehmende Überlappung von Projektförderung und institutioneller Förderung im Rahmen eines begrenzten Haushaltes und daraus resultierender Impulse für entsprechende Evaluationsaktivitäten. Sie tangiert viele auch in der ISI-Studie angesprochenen Fragen; der Beitrag von Jäger soll daher etwas umfassender referiert werden.

Jäger berichtete zunächst über Defizite in methodischer Hinsicht, die die Expertenrunde der ZVEI-Studie (sechs Vertreter aus der Industrie, insbesondere großer Unternehmen) vorfand. Literaturstudien im Vorfeld der Untersuchungen hätten gezeigt, daß zwar ein umfangreiches Wissen über die Evaluation von Programmen vorliegt, aber nicht hinsichtlich der Bewertung von Einzeleinrichtungen. Die ISI-Studie helfe ganz deutlich ein Informationsdefizit zu decken; die aufgelisteten Indikatoren und Kriterien würden im wesentlichen alle zu bewertenden Bereiche erfassen.

Die Expertengruppe untersuchte 13 Forschungseinrichtungen (sie entsprechen einem Gesamtvolumen von 500 Mio. DM Aufwendungen pro Jahr bzw. 2000 Mann-Jahren). In einem ersten Schritt erfolgte eine Bestandsaufnahme der Forschungsthemen und des Ressourceneinssatzes; im zweiten Schritt wurde die Industrierelevanz bewertet. Dies sei methodisch schwierig gewesen: Grundlage für die Bewertung war eine große Kriterienliste; letztlich wurden die Unternehmen aber gefragt, ob sie die Forschungsergebnisse gebrauchen konnten oder nicht. Im dritten Schritt wurden Vorschläge zur Erhöhung der Industrierelevanz unterbreitet. Aus den Informationen entstand ein Gesamtbericht, der mit den Forschungseinrichtungen diskutiert wurde; bei Dissens gab es eine weitere Gesprächsrunde. Auch in Auswertung der Erfahrungen des Wissenschaftsrates, berichtete Jäger, sollten solche *institutionellen Evaluationen stets offen, iterativ und transparent im Dialog mit den betroffenen Einrichtungen erfolgen.*

Die ZVEI-Untersuchung ergab nach Jäger, daß die FuE-Ausrichtung öffentlich geförderter Forschungseinrichtungen mit folgenden Problemen konfrontiert ist:

- die Ausrichtung der Forschungsthemen richtet sich nach Fähigkeiten und Vorinvestitionen sowie erreichbaren staatlichen Mitteln;

- die Arbeiten sind deshalb wissenschafts- und technologiegetrieben, aber zu wenig anwendungs- oder systemorientiert;

- gleiche Themen werden an mehreren Stellen zersplittert bearbeitet;

- bei parallel verfolgten Ansätzen besteht ein geringer Entscheidungszwang aus technisch/wirtschaftlichen Gründen;

- Ergebnisse sind häufig auf Berichte und Publikationen beschränkt;

- die industrielle Verwertbarkeit wird häufig zu spät berücksichtigt;

- es bestehen Defizite bei Transferinstrumenten (gezielte Ergebnisvermarktung, Personaltransfer, Schutzrechtsanmeldung, Lizenzpolitik).

Im folgenden diskutierte Jäger die in der ISI-Studie vorgeschlagenen Erfolgsfaktoren und Leistungskriterien, ausgehend von seinen durch die ZVEI-Studie gewonnenen Erfahrungen:

- Im Rahmen der *strategischen Orientierung* werde in der ISI-Studie das aktive Herangehen der Institute an die Wirtschaft stark betont; zu berücksichtigen sei aber auch, daß die *Industrie den Forschungseinrichtungen* stärker als früher die *eigenen strate-*

gischen Ziele verdeutlichen müsse. Außerdem verfügen Industrie und Wirtschaftunternehmen oftmals über bessere Zahlen zur Marktentwicklung als die Forschungsinstitute.

- Um die *Industriebindung* zu verstärken, sei es notwendig, daß ein *häufigerer Kontakt* zwischen Forschungseinrichtungen und Industrie stattfindet. Seitens der Forschungseinrichtungen sollte ein *intensives FuE-Marketing* betrieben werden. Dazu gehöre auch, sich mehrfach an Unternehmen (möglicherweise an verschiedene Abteilungen/Menschen) zu wenden.

- *Weniger wichtig* sei die *Wissenschaftsbindung*, denn sie lenke in gewisser Weise von der Anwendungsorientierung ab. Zumindest an den öffentlich geförderten Forschungseinrichtungen "tauchten" Wissenschaftler in der Forschung "ab", wenn es um die Nutzung ihrer Ergebnisse geht. Gerade in Endphasen von Projekten wurden - insbesondere bei persönlichen Wünschen in Richtung Doktorarbeit und Publikation - Ziele der Auftraggeber oftmals nicht mehr intensiv genug verfolgt.

- Die *kommunikative Kompetenz* sei sehr wichtig zwischen Wirtschaft und Forschung; sie sollte allerdings nicht nur häufig wahrgenommen werden, sondern auch *frühzeitig*. Außerdem müsse hier die *informative Ausstattung* ein größeres Gewicht erhalten, da es in der Zukunft immer wichtiger sei, Datenbanken zu nutzen, sich weltweit zu informieren etc.

- Die *wissenschaftlich-technische Ausstattung* sei sehr wichtig, müsse aber in der Indikatorenliste noch ergänzt werden: So sei die *Kompatibilität* sehr wichtig, denn wenn das Equipment und die Tools nicht zu der späteren industriellen Ausstattung passen, werde das Produkt später nicht übernommen. Gerade auf dem Gebiet der Software-Produktion sei das ein wichtiger Punkt. Ein wesentlicher Aspekt im Rahmen der wissenschaftlich-technischen Ausstattung sei auch die *Auslastung*. Die ZVEI-Studie hätte ergeben, daß es in dieser Richtung viel Ineffizienz gibt (z.B. bei der Nutzung von Reinräumen). Forschungsgelder des Staates könnten wahrscheinlich besser fokussiert werden, wenn die Institute stärker arbeitsteilig miteinander arbeiteten. Insofern solle im Kriterienkatalog der Punkt *Arbeitsteilung* bei der wissenschaftlich-technischen Ausstattung ergänzt werden. Dies gelte im besonderen auch für die Realisierung von Ersatzinvestitionen.

- Bezogen auf *Humanressourcen* betonte er, daß Forschungsinstitute stärker ihre Rolle als *"Durchlauferhitzer" für junge Leute* von der Wissenschaft zur Industrie wahrnehmen sollten.

- Im Rahmen der *Organisation und des Managements* sei die *Zeiteinhaltung* durch das Forschungsinstitut oft ein Problem; es müsse mehr Verständnis entwickeln für den Druck in der Wirtschaft infolge weltweiter Konkurrenz. In manchen Forschungseinrichtungen sei auch die *Administration* zu stark ausgebaut; *schlankere Strukturen* seien hier nötig.

- Bezogen auf das *Technologiemanagement* sei zu bedenken, daß verschiedene Technologiestränge effektiv miteinander verknüpft werden müßten und richtige Ergebnisse zur richtigen Zeit zur Verfügung stehen sollten; es gebe nur bestimmte Zeitfenster für das "Abliefern" relevanter Forschungsergebnisse an die Industrie.

Abschließend wies Jäger darauf hin, daß in die Diskussion über die Bewertung von Forschungsinstituten verstärkt Unternehmen einbezogen werden sollten, denn entscheidend sei letztendlich der *Kunde*, der das Forschungsergebnis nutzen kann oder nicht. Der Förderer müsse bei seinen Entscheidungen über Forschungsinstitute stärker deren Wirkung auf den Kunden berücksichtigen. Die *institutionelle Evaluation* solle *nicht nur* ein "Schnappschuß" sein. Eine Frage sei allerdings, wie diese konkret weiter entwickelt werden könnte. Es seien z.B. gewisse Quantifizierungen und Skalen wünschenswert, anhand derer einzelne Institute, die auch auf gleichen Gebieten arbeiten, miteinander verglichen werden können.

Im Anschluß sprach **Thomas Stoll**, Vertreter eines kleinen Unternehmens, tätig auf dem Textilsektor. Er trat für ein engeres Zusammenrücken von Forschung und Entwicklung in der Wissenschaft und Industrie ein, da dies nicht nur die Effizienz in der Arbeit erhöhe, sondern auch zusätzliche Erfolge bringe; FuE erhalte und steigere die Leistungs- und Wettbewerbsfähigkeit kleinerer und mittlerer Unternehmen (KMU). Deren Hauptproblem sei es, dem Anforderungsprofil der Kunden zu entsprechen; daraus resultiere ein enormer Zeitdruck und ein großer Anteil zu lösender Tagesaufgaben. Diese Tatsache sei für den Ablauf externer FuE oftmals unbefriedigend.

Ausgehend von den KMU-spezifischen Problemen sieht Stoll unter anderem folgende Verbesserungsmöglichkeiten für das Zusammenwirken von Wissenschaft und Industrie:

- Es sollten die Bearbeitungszeiten für Föderanträge reduziert werden; kleinere Firmen hätten nicht so einen langen Atem, lebten oftmals "von der Hand in den Mund". Außerdem sollten Forschungsinstitute Projektabläufe zügig gestalten.

- KMU hätten gern mehr Informationen darüber, welche Institute welche in der Industrie anfallende FuE-Probleme lösen könnten.

- Wirtschaftsnahe Forschungsinstitute sollten stärker auf die KMU zugehen, ihre Forschungsergebnisse anbieten. Es gehe auch darum, KMU bei kurzfristig zu treffenden Entscheidungen oder zu realisierenden Aufgaben auf dem FuE-Gebiet zu unterstützen.

- Wirtschaftsnahe Forschungsinstitute sollten nicht nur Kontakt zu großen Unternehmen (unter anderem auch im Sinne hoher PR-Wirksamkeit) sondern auch zu kleineren Firmen suchen.

- Um Zukunftsaufgaben zu lösen seien Beratungen u.a. über neue technologische Entwicklungslinien für KMU von großer Bedeutung. Es wäre gut, wenn diese (z.B. über Kolloquien, Mitarbeiterschulungen) breitenwirksamer erfolgen würden.

Zwischen diesen Beiträge und im Anschluß daran gab es lebhafte *Diskussionen*, insbesondere über:

- Maßstäbe zur Unterscheidung von Erfolgsfaktoren und Leistungskriterien bei Anerkennung des Umstandes, daß Leistungskriterien aus dem Set von Erfolgsfaktoren gewonnen werden können;

- den Stellenwert von Erfolgsfaktoren und Leistungskriterien: während die Erfolgsfaktoren insbesondere geeignet seien, dem Institut bei der Erreichung ihres Ziels zu helfen, sollten bei einer Evaluation die Leistungskriterien in den Vordergrund treten;

- die Frage, welche Ziele unter bestimmten Institutsstrukturen (auch in Abhängigkeit vom Alter des Instituts, der Lebenskurve seiner Tätigkeitsfelder etc.) sowie vorhandener Märkte überhaupt realisierbar wären;

- das Verhältnis zwischen wissenschaftlichen Einrichtungen und der Industrie: Es müsse gelingen, daß beide Partner stärker aufeinander zugingen; tendenziell sollten aber gerade die wissenschaftlichen Einrichtungen mehr Gespür für die Probleme der Wirtschaft haben, weil es insbesondere den KMU oftmals sehr schwerfalle, ihre Wünsche zu artikulieren.

Im *Schlußwort* hob MDgt Munz hervor :

- Der Workshop habe gezeigt, worin das Anliegen der Studie bestand: erstens wurden Erfolgsfaktoren identifiziert, die zeigen, wie ein Institut seinen Anforderungen gerecht werden kann; zweitens wurden Leistungskriterien formuliert, die als Maßstab für erreichte Ergebnisse dienen können, ohne daß nach den Mitteln der Zielerreichung gefragt wird; drittens, machte die Diskussion deutlich, daß der Leitfaden kein "Kochbuchrezept" ist, sondern Raum läßt für verschiedene Aufgabenstrukturen der Institute.

  Die Anwendung der *Erfolgsfaktoren* sei eine *Hausaufgabe*. Die Anwendung der *Leistungskriterien* hingegen sei ein *Prozeß*, eine Aufgabe des Ministeriums im Dialog mit dem Kunden, den Instituten und externen Evaluatoren. Außerdem gehe es nicht darum, in der kommmenden Zeit jedes Institut durchzuprüfen. Die Anwendung der Kriterien hinge vom Umfeld (der Politik, der Haushaltslage etc.) ab. Es sei aber heute schon klar, daß im Falle einer Erfolgskontrolle die anwendungsorientierten Institute nicht nur am Industrieertrag gemessen würden, sondern auch an anderen Bewertungskriterien, wie in der Studie vorgeschlagen.

- Ein wichtiger Diskussionspunkt im Workshop sei die Sicht der Industrie auf die Institute gewesen. Hier gebe es einen Lernprozeß im Umgang miteinander; bei einer Reihe von Instituten befinde er sich erst am Anfang. Größere Erfahrungen hingegen lägen bei den Instituten der industriellen Gemeinschaftsforschung vor.

Andererseits müsse auch die Industrie direkter und offener an die Forschungseinrichtungen herantreten. In der Vergangenheit sei es oftmals so gewesen, daß die Unternehmen ihre "erste Priorität" relevanter FuE-Themen nicht auf den Markt getragen hätten und es für die Institute schwer gewesen sei, die Interessen der Unternehmen zu erkennen. Die Dialogkultur sei also noch nicht unverkrampft. Dennoch zeige sich, daß auch die Industrie zunehmend gesprächsbereiter ist; es setze sich die Erkenntnis durch, daß "Inzucht" allein nicht zukunftsträchtig ist. Letztlich müsse man auch sehen, daß primär die Industrie durch gute Forschung der Institute Geld verdienen kann; letztgenannte hingegen könnten keinen Gewinn machen. Seitens der Industrie müßte sich daher sogar ein gewisses "Holbedürfnis" hinsichtlich der Forschungsleistungen anwendungsorientierter Institute herausbilden.

● Der Beitrag von Jäger habe die große Bedeutung gegenwärtig laufender Evaluationsaktivitäten (ZVEI-Studie, Arbeit der "Weule-Kommission") gezeigt. Sie seien ein Einstieg in den Dialog, der fortzusetzen sei. Der Beitrag belege, daß es in der Vergangenheit viele Lernprozesse beim Erfassen von FuE-Bedürfnissen der Industrie gab. Natürlich müsse man auch beachten, mit welcher Zielstellung z.B. Großforschungseinrichtungen ursprünglich gegründet worden sind; sie könnten aus dieser Sicht nie so industrierelevant wie beispielsweise die Fraunhofer-Gesellschaft arbeiten.

Abschließend appellierte Munz noch einmal an beide Partner, die wirtschaftsnahen Forschungseinrichtungen und die Unternehmen, einen ehrlichen Dialog miteinander zu führen, unter Beachtung gewisser Konkurrenzgesichtspunkte, die aber auch offen benannt werden sollten.

TECHNIK, WIRTSCHAFT und POLITIK

Schriftenreihe des Fraunhofer-Instituts
für Systemtechnik und Innovationsforschung (ISI)

Springer-Verlag und Umwelt

Als internationaler wissenschaftlicher Verlag sind wir uns unserer besonderen Verpflichtung der Umwelt gegenüber bewußt und beziehen umweltorientierte Grundsätze in Unternehmensentscheidungen mit ein.

Von unseren Geschäftspartnern (Druckereien, Papierfabriken, Verpackungsherstellern usw.) verlangen wir, daß sie sowohl beim Herstellungsprozeß selbst als auch beim Einsatz der zur Verwendung kommenden Materialien ökologische Gesichtspunkte berücksichtigen.

Das für dieses Buch verwendete Papier ist aus chlorfrei bzw. chlorarm hergestelltem Zellstoff gefertigt und im pH-Wert neutral.